中华经典生活美学丛书

《随园食单》之中国味道

顾作义　编著

暨南大学出版社
JINAN UNIVERSITY PRESS

中国·广州

图书在版编目（CIP）数据

《随园食单》之中国味道 / 顾作义编著. -- 广州：
暨南大学出版社，2025. 5. -- （中华经典生活美学丛书）.
ISBN 978-7-5668-4117-9

Ⅰ. TS972. 117

中国国家版本馆 CIP 数据核字第 2025JA8100 号

《随园食单》之中国味道
《SUIYUAN SHIDAN》ZHI ZHONGGUO WEIDAO
编著者：顾作义

出版人：阳　翼
策划编辑：周玉宏　黄　球
责任编辑：黄　球　刘雅颖
责任校对：许碧雅
责任印制：周一丹　郑玉婷

出版发行：暨南大学出版社（511434）
电　　话：总编室（8620）31105261
　　　　　营销部（8620）37331682　37331689
传　　真：（8620）31105289（办公室）　　37331684（营销部）
网　　址：http：//www. jnupress. com
排　　版：广州市新晨文化发展有限公司
印　　刷：广东信源文化科技有限公司
开　　本：890mm×1240mm　1/32
印　　张：5. 625
字　　数：90 千
版　　次：2025 年 5 月第 1 版
印　　次：2025 年 5 月第 1 次
定　　价：68. 00 元

（暨大版图书如有印装质量问题，请与出版社总编室联系调换）

总　序

　　俗话说："爱美之心，人皆有之。"在物质生活得到满足以后，人们开始追求美好的、幸福的生活。在中国传统美学的滋养下，中国人的生活方式处处呈现美，在体验美、创造美的历程中，也逐渐形成了独特的生活美学。

　　生活美学是一种具有审美情趣的生活哲学，是追寻美好生活的幸福之学，也是追求身心健康的生命之学。生活美学植根于生活的沃土，每个人首先是求"生"，然后再求"活"。"生"本为生长、成长以及生命的生生不息，终极则为蓬勃的生命力，其根基是"生存"。"活"则是生命的状态、生活的质量，是指活力、快乐和情趣，最终指向人生的价值和生命的质量。要过上"好的生活"和"美的生活"，涉及生活美学的三个维度：一是从"俗"的生活上升到艺术的境界，变成"雅"的生活；二是从满足生存的需要上升到精神的享受；三是从追求经济价值转化为追求情感价值与文化价值。由是，美学家认为生活美学是衡量社会发展的标杆和尺度之一。

中国的先贤善于从生活的各个层面去发现、品味生活之美，享受生活之乐，他们运用中华文化的智慧，创造了活色生香、富有情趣的生活美学。这从中国古代典籍中也可窥见，如袁枚的《随园食单》、陆羽的《茶经》、窦苹的《酒谱》、陈敬的《陈氏香谱》、张谦德的《瓶花谱》、袁宏道的《瓶史》，即是对中国生活美学的精辟总结，给我们展示了一幅幅美好、优雅的生活图景。"一瓯春露香能永，万里清风意已便。"今人常叹现代生活被机械程式消解了诗意，却不知先贤早已在寻常的生活中镌刻着生命的韵律。袁枚在《随园食单》中记录的不仅是三百余道佳肴，更是一幅以舌尖为笔、以烟火为墨的审美长卷。他教人辨别"清者配清，浓者配浓"的调和之道，恰如文人作画的墨色层次。陆羽笔下的《茶经》，从炙茶时"持以逼火"的专注，到分茶时"焕如积雪"的观照，处处彰显着日常仪式中的艺术自觉。窦苹《酒谱》中的"蒲桃、九酝"，在陶瓷中酝酿的不仅是醇香，更是时间与空间交织的哲学。陈敬在《陈氏香谱》中介绍了八十种香品以及闻香、配香的方法，不但让人闻香通窍，而且让饮食更加美味，使人精神更加清爽，把典雅的香文化融入人们的生活。张谦德、袁宏道在《瓶花谱》《瓶史》中，告诉我们品花、插花要讲究色、香、味、形、韵，也引导我们在花开花谢中感悟生命中的四季更替，追求生活中的灿烂和希望。这些典籍告诉我们：生活之美不在蓬莱仙境，而在杯盘碗盏间，在流淌的时光里，可谓人间烟火皆成韵。

中国生活美学如织锦般呈现出四重维度：其经线为道、器、术、法之统合，纬线乃精神、价值、情趣、艺术之交融。袁枚在《随园食单》中提炼出"饮和食德"的审美精神，可以称为饮食之道的要义，同时，他又详尽地介绍了选材、洗刷、刀工、火候等厨艺。窦苹在《酒谱》中把"温克""诫失"作为饮酒的最高境界。"温克"追求的是身心和谐、人际和美，讲究的是适量、适度、适境；"诫失"揭示的是酒品如人品，要力求温文尔雅，以健康为重。陈敬《陈氏香谱》中记载的"四合香"，以沉香为君，檀香为臣，佐以龙脑、麝香，恰似审美精神中主次有序的哲学架构。张谦德《瓶花谱》强调"春冬用铜，秋夏用磁"，这不仅是择器的智慧，更是对器物与时空对话的深刻理解。袁宏道在《瓶史》中提出的"花快意凡十四条"，将插花升华为心灵与自然的唱和艺术。这些经典共同诠释着道不离器的实践智慧，术不违法的创造法则，法不悖艺的审美升华，精神引领生命的价值追求，情趣不碍实用的生活哲学。

中华经典生活美学跨越时空，映照今朝，魅力无穷。现代茶室中，人们仍遵循《茶经》"三沸辨沫"的古法；酒楼食肆里，《随园食单》的"戒耳餐"理念成为美食评判准则。这印证着经典美学超越时空的生命力。

"中华经典生活美学丛书"撷取中华文明五大门类的六部生活美学经典，如同开启五扇雕花轩窗，用"四维解读法"重审典籍，从《随园食单》感悟如何吃出美味，吃出健康；从《茶经》感知人与器如何在茶烟轻扬时达成天人合一；从《酒谱》看审美精神如何在觥筹交错间铸就文化品格；从《陈氏香谱》悟价值体系如何在氤氲之气中构建精神秩序；从《瓶花谱》《瓶史》观察生活情趣如何在枝叶扶疏处涵养生命境界。这种解读不是简单的复古，而是让传统智慧在当代语境中焕发新生。

学习、普及、研究中华经典美学，追求的是生活的诗意栖居。我们可依照《随园食单》研制"素火腿"，在豆制品中追寻山珍的韵味；我们可模仿《茶经》复原唐代煮茶法，让风炉炭火映亮都市夜空；我们可从《酒谱》"强身之饮"中得到启发，以中药为君，以美酒为使，调制出养生之饮；我们可活用《陈氏香谱》"香事九品"的品鉴体系，构建当代嗅觉美学的认知框架；我们可效法《瓶史》

"花目十二客"的拟人化审美，为现代居室陈设注入人格化情趣。这些实践印证着：经典生活美学的现代转化，关键在于把握"器以载道"同"与时俱进"的平衡。这种创造性转化，使古典美学成为照亮现代生活的北斗。

"中华经典生活美学丛书"共五册，包括《〈随园食单〉之中国味道》《〈茶经〉之中国茶道》《〈酒谱〉之中国酒道》《〈陈氏香谱〉之中国香道》《〈瓶花谱〉〈瓶史〉之中国花道》。如今，提升审美已经成为追求高品质生活的标志，成为民众共享文化艺术盛宴的一种"社会福利"。这套丛书犹如五枚棱镜，将中国古老的智慧折射成七彩的生活乐谱。愿读者在饮食、煮茶、品酒、闻香、插花中重识东方美学的真味，找回中国人的生活美学，让每一个平凡的日子都谱写成诗篇，弘扬中华美学精神，过上有滋味、有品位、有趣味的生活！

作者于广州

2025 年 1 月

目 录

绪

论

在现实生活中，衣、食、住、行、用是每人每天基本上离不开的，而一日三餐更是不能省掉的，举凡达官贵人、文人雅士，乃至平民百姓，不问雅俗，概莫能外。

饮食是人类最原始、最普遍的欲望与需求。饮食是人生命的延续，不饮食，生命就会丧失能量，生命之树就会枯萎。《易经》第五卦，叫"需"卦，《象》曰："云上于天，需。君子以饮食宴乐。"意为云气上升到天空，这就是需卦的意象。君子由此领悟到，要饮食与宴乐。《序卦传》说："物稚不可不养也，故受之以需。需者，饮食之道也。"程颐进一步阐释："饮食以养其气体，宴乐以和其心志，所谓'居易以俟命'也。"《孟子·告子上》："告子曰：'食色，性也。'"食欲和性欲都是人的天性，饮食男女，一个是自身生命的延续，一个是种群的繁衍。《礼记·礼运》

也说："饮食男女，人之大欲存焉。"饮食和男女之事乃是人的本能。高濂在《遵生八笺·饮馔服食笺》上卷中说："饮食，活人之本也。是以一身之中，阴阳运用，五行相生，莫不由于饮食。"当代作家王蒙认为，中华文化最有代表性的是两个，一个是汉字，一个是中餐。由此可见中国饮食文化的博大精深和广泛影响力。由于饮食对一个人的生命是如此重要，时至今日，人们问候打招呼，仍然会问："吃饭了吗?"这是人类追求"食饱"的阶段。

《宴饮图》壁画

火的发现，使人类的饮食告别了茹毛饮血。又由于我国幅员辽阔，物产丰富，食物来源多样，加上人类具有热爱香味的天性，人们在饮食中追求真味、本味、香味、鲜味以及五味调和，饮食上升到追求美味、可口的层次。这可以从汉字的"美"字中得到体现。"美"字概括了人的五种审美体验，表达了中国人的审美观。第一，"美"是从味觉开始的。"美"从"羊"，指鲜嫩的羊肉，给人美味的感觉。"民以食为天"，中国人的审美带有功用性，羊的美味，满足人的口腹之欲和生理的需要，这是审美的第一个层次。第二，"美"有视觉审美。"美"字上为羊，下为大，"羊大"为美，中国人以雄伟、强壮为美。第三，"美"有听觉审美。"羊"的叫声是柔和的、有节奏的。第四，"美"有触觉审美。羊毛的柔软、洁净给人舒适的感觉。第五，"美"有"心觉"审美。由于"羊"的性格特征，人们赋予它美好的意义，汉字中带有"羊"字的，大多成为美德、吉祥的象征，如"善""义（義）""祥""群"等字。可以说，"美"字既反映了人们从"食饱"到"食味"的演进过程，也反映了中国人独特的审美方式是从"吃"开始的。

（元）赵孟頫《二羊图》

人们的味觉与视觉、听觉是连通的。随着烹饪技法的进步，"厨师"这个掌握"绝活"的职业应运而生，烹饪成为一门绝技。煎、蒸、炒、炖、煮、炸各种技法五花八门，创造了色、香、味、形、韵俱全的和谐统一，给人以生理享受和心理享受，人类的饮食进入了讲求美感的层次，追求的是一个"雅"字，饮食从"食饱"进入"食好"的审美层次。

随着人们养生观念的提高和对健康生命的追求，人们在饮食中既追求口福，又讲究吃得营养。老子在《道德经》中说"五味令人口爽"，但是，不管美味也好，美感也罢，如果对健康无益，也是不宜吃进肚子里的。俗话说，"病从口入"，片面地追求香、辣、脆，会给身体带来伤害。为此，人们追求吃出健康。在"医食同源""药膳同功"中寻求食物的保健价值，做成各种美味佳肴，达到防病治病的目的。中国人把食物分为凉性、温性、平性，并根据自身阴阳体质进食，一年四季滋补食品分别有致。可以说，护生滋养是中国人在吃的观念上的一次理性升华。于是，中国居民膳食指南应运而生，强调了荤素搭配的、食物多样的、科学的营养结构。这时饮食的追求从美感进入了讲求营养、健康的层次，养生食补成为当代人的新追求。

中国的饮食建立在中国传统文化的基础上，是联络感情、和谐人际关系的手段，随之构建了许多"食礼"，饮食虽然吃的是食物，而在食物的背后却是"情意"。这样，饮食不但要有好的食物，又追求情调优雅，要有佳境、美器和融洽的气氛。这时，饮食从大俗变成大雅，从而派生出跟饮食有关的诗词歌赋等艺术形式，饮食进入了追求"礼"的层次，讲究怡情、礼数等。中国人常说赴"饭局"，其中的重点不在于吃什么"饭"，而在于"局"，即与什么人吃饭，

中国居民平衡膳食宝塔（2022）

（来源：中国居民膳食指南）

并且要求菜肴有营养价值，符合口味，色香味俱全，这体现了宴请者的情意和礼数。每一个"饭局"的背后实际上蕴含的都是情意和希冀，是一场别开生面的社交活动。中华饮食之所以具有"怡情"的功能，是饮和食德、万邦同乐的哲学思想所决定的。饮食活动中的情感文化，体现着一个人的品位和感情倾向，要求具有健康优美、奋发向上的文化情调，追求高尚的情操。又由于中国是礼仪之邦，礼仪也渗透到了饮食之中。饮食讲究"礼数"，这是一种内在的伦理精神，这种精神贯穿在饮食活动过程中，从而构成中国饮食的人文特征，形成中国饮食文化。

中国饮食文化可以说享誉全球，"中国菜"是中国饮食文化在生活中的具象体现，其中荤素搭配、养助益充的营卫说，适口者珍、五味调和的境界说，奇正互变、厨技为本的烹调说，医食同源、怡情养身的养生说，充分体现了中华民族的宇宙观、价值观、艺术观和生命观。

中国饮食文化是一种广视野、深层次、多角度、高品位的悠久区域文化。中华各族人民在五千多年的生产和生活实践中，开发食源、研制食具、调理食品、

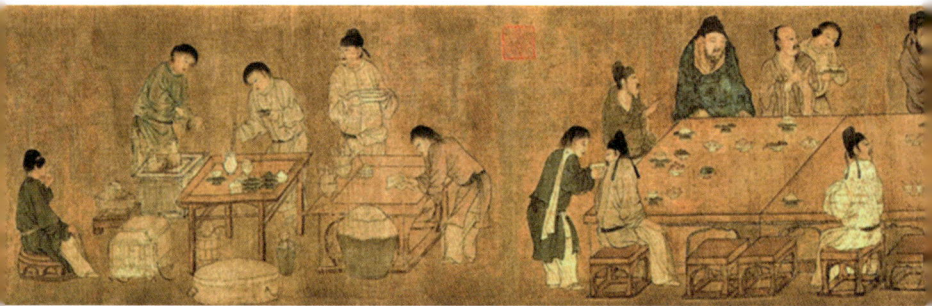

（宋）佚名《春宴图卷》（局部）

注重营养保健和饮食审美，创造了富有中国特色的饮食文化，成为全人类的一笔宝贵的物质财富和精神财富。

　　饮食在我们的生活中是非常普遍的，但又大有学问。袁枚在《随园食单》序言中说："《中庸》曰：'人莫不饮食也，鲜能知味也。'《典论》曰：'一世长者知居处，三世长者知服食。'"袁枚在这里引经据典，指出了饮食之道并不是轻易就能掌握的。他引用《中庸》的话说："人不可能不吃不喝，却很少有人真正理解饮食的滋味。"又引用《典论》的话说："一代尊贵者，知道建造舒适居处；三代尊贵者，才能真正掌握饮食之道。"袁枚认为要懂得饮食之道，必须有两个前提条件，一个是家境富裕，且要经历三代的

长期经验积累；另一个是对饮食的味道有鉴赏的能力。今天，随着人们消费水平的提高，菜式日趋丰富，享受"口福"已经不成问题，但懂得品味、烹调却不是一件容易的事，这要求人们懂得饮食之道。

介绍中国饮食之道的典籍林林总总，从《易经》《论语》《左传》《黄帝内经》《食疗本草》《饮膳正要》《遵生八笺》《闲情偶寄》《调鼎集》《食宪鸿秘》到四大文学名著，其中都有相关论述。综观这些经典，袁枚的《随园食单》可以说独树一帜，具有实用价值、科学价值、文化价值、审美价值，是我们了解中国饮食之道的经典之作。

袁枚是清代著名文学家、诗人、美食家，他在《随园食单》"须知单"中说："学问之道，先知而后行，饮食亦然。"袁枚认为，探求学问必须首先掌握充分的理论知识，然后通过实践应用检验，饮食烹调的道理也是一样的。这就是"知行合一"，首先是"知"，然后落实到"行"上。因此，学会饮食，必须具备饮食方面的知识，领悟饮食之道。基于此，本书以《随园食单》为范本，解读中国饮食之道，品尝色、香、味、形、名、器、趣、韵俱佳的中国饮食之妙。

第一讲

饮食之典：《随园食单》

中国的饮食，食材广泛，烹饪方式别出心裁，关于饮食的著作可以说蔚为大观，但在这些著作中，最具创见、最为系统的是《随园食单》，有人称之为经典"菜谱"，有人称之为饮食学之集大成者。在这一讲里，主要对饮食的内涵、《随园食单》作者袁枚的生平、《随园食单》的饮食观和突出贡献作一些介绍。

一、从"饮食"两字说起

"民以食为天"，饮食是人类生存发展的第一需要，没有饮食，人们将失去活下去的可能。人类最初的饮食方式与一般动物没有明显的区别，他们获取食物以后，一般是生吞活剥，直接吃进肚子里。《礼记·礼运》说："未有火化，食草木之食、鸟兽之肉，饮其血，茹其毛。"即未经火的烹制，便生吃草木的果实、鸟兽的肉，喝它们的鲜血，吃它们带毛的肉。华夏先民"茹毛饮血"的历史非常长久，后来由于火的发现，人类开始食用熟的动植物，不过今天人们仍然吃"鱼生"等，这可能是生食传统的遗风。汉字"饮食"两字是中国人饮食历史的记录，是对饮食的内容和方式的阐述。

"饮食"是人们满足口腹之欲的两个方面。"饮"一般指喝，"食"一般指吃，"饮食"包括吃、喝两个方面。"饮"字的繁体字从"食"，是以"食"作为偏旁的，由"食"字组成的汉字字族庞大，"饮"只是其中的一个字。"饮食"两个字包含如下含义：

《庖厨宴饮图》汉画像石中的汉代饮食文化

第一，饮食是人类的基本需求。"饮"的甲

骨文为![字形]，象一个人弯腰对着酒坛张口伸舌之形。小篆为![字形]，从欠（象人张大口之形）从酉（象酒坛之形）。楷体演变为从食从欠，简化为饮。可见，"饮"的造字取象为饮酒，后引申泛指各种液体，即喝，如喝酒、喝茶、喝水等。《仪礼·公食大夫礼》："饮酒浆饮，俟于东房。""饮"字从"欠"，"欠"为欠缺、缺少，又指打哈欠时身体上引的动作。人在进餐时，吃为低头弯腰的动作；而喝则要抬头并身体上引，此即"欠""食"。因此"饮"主要是针对喝的动作而言。《礼记·礼运》说："饮食男女，人之大欲存焉。"饮食和男女之事乃是人的本能。饮食直接关系着人的身体健康和生命延续，人假如不饮食必然一命呜呼。

第二，饮食必须有良好的食材。"食"字甲骨文为![字形]，金文为![字形]，小篆为![字形]。"食"是一个象形字。甲骨文的"食"上边是个口朝下的盖子，下边是个盛满米饭的器皿，象食物在器中，上有盖之形，本义是食物。金文、篆体皆从亼（盖子），从皀（盛饭器皿）。《说文解字·食部》："食，一米也。"食的本义就是吃米饭，后泛指食物。段玉裁注曰："亼，集也，集众米而成食也。引申之，人用供口腹亦谓之食。"米是人们的主食，故许慎讲食为"一米"。"食"最初专指饭，不包括酒、肉食。《孟子·告子上》："一箪食，一豆羹，得之则生，弗得则死。"后来，"食"从"米"延伸至指各种食物。《左传·庄公十年》："衣食所安，弗敢专也，必以分人。"陶渊明《桃花源记》："余人各复延至其家，皆出酒食。"后来，演变为上"人"下"良"为"食"。"人"表示人之所需，"良"表示良好、精良。"人""良"有三个含义：一是人良，人要得到良好的生存和发展，必须有饮食、会饮食；二是良人，优良的人，要有食德、食礼；三是人要养成良好的饮食习惯，要选精良的谷米为食。食要精良，不良者不足为食；食有习性，良者不暴饮暴食；食有义，食君之禄，解君之忧；食有志，鲲鹏不与雪鸮争腐鼠之食；食有修养，孔子曰："食不言，寝不语。"我国古代素有"五谷为养，五果为助，五畜为益，五菜为充"的饮食结构，要求人们学会品尝色、香、味、形、名、器、境、趣俱佳的食物之妙。

（宋）陈居中《四羊图》

（元）钱选《三蔬图轴》（局部）

第三，饮食必须用良好的器具。"食"字的甲骨文、金文像盛有食物的器皿上盖着盖子。在人类的饮食发展史上，为适应食物、方便进食，人们发明创造了多种多样的食器，如盘、碗、碟、壶等，可谓千姿百态，琳琅满目，典雅、考究、精美。

古代餐具

现代餐饮对器具提出了新的要求，比如，为了方便在上菜时随时拿去加热或制冷，所有的餐具都应提前准备好并保持干净整洁的状态。一般加热会有一个热盘器，用于前菜的冷盘则使用冷盘器制冷，如果条件不够，最简单的方法就是用水蒸着加热或者用冰水泡着制冷。

第四，饮食要有良法。"食"字从"良"，这指不但要有良材还要有良法，要科学烹饪，饮食适度，讲究营养价值。饮食要讲究方法，早食应当早，晚食不宜迟；宜细嚼缓咽，忌狼吞虎咽；宜淡食，宜暖食，宜熟软。合理的饮食习惯，首先，表现为膳食平衡，即膳食中所供给的营养素种类齐全、数量充足、比例适当，一方面能保证机体摄入足够的营养，有助于机体的健康；另一方面有助于防病治病。其次，食物讲究搭配，如荤素搭配、生熟搭配，以保证体内的营养吸收以及酸碱平衡。传统保健观认为，食物有寒、热、温、凉之性，有辛、酸、苦、甘、咸之味；人的疾病有表里、寒热、虚实之别。食物的性、味要与身体的体质相适应，才能起到保健作用，此为"宜"，反之则为"忌"。辛、酸、苦、甘、咸五味，须调和适宜，气血方能畅通。如果食用不当或偏食，都将会损害腑脏，影响健康。再次，饮食要有节。宋代医家娄居中在其《食治通说·食无求饱》中写道："食无求饱。谓食物无务于多，贵在能节，所以保冲和而顺颐养也。若贪生务饱，淤塞难消，徒积暗伤，以召疾患。……如能节满意之食，省爽口之味，长不至于饱甚者，即顿顿必无伤，物物皆为益。糟粕变化，早晚溲便，按时华精，和一上下，津液蓄神，含藏内守，荣卫外护，邪毒不能犯，疾疹无由作。"饮食的良法，概括起来就是注重"杂、少、慢、淡、温"五个字。

第五，饮与食有严格的区分。"饮"一般指喝流质的东西，也即可喝的东西，如饮茶、饮酒等。如岑参《白雪歌送武判官归京》："中军置酒饮归客，胡琴琵琶与羌笛。"卢象《乡试后自巩还田家，因谢邻友见过之作》："浮名知何用，岁晏不成欢。置酒共君饮，当歌聊自宽。"元稹《先醉》："今日樽前

（明）丁云鹏《卢仝煮茶图》

败饮名，三杯未尽不能倾。怪来花下长先醉，半是春风荡酒情。"今天，茶汤是中国人的第一大饮品，饮茶的保健功能可谓众所周知。中医认为，茶味苦微甘，可除垢、涤秽、解热、助消化、去痰、止渴、生津、提神醒脑、解酒、解毒、明目、利尿、减肥等。"食"一般指吃固态的食物，如饭、肉等。"饮食"两个字的顺序是饮在先，食在后，这也许有一定的科学依据，广东人吃饭前一般先饮汤，据说有醒胃、润喉之功用，有利于消化和吸收。此外，随着饮食质量的提升，饭前喝汤也由大碗逐步变为小碗，即在饭前喝一小碗"醒胃汤"。因为喝太多汤会影响接下来的食欲，适当喝一些热汤，则会打开整个味蕾，同时增加肠胃的吸收能力。

以"食"字为部件和偏旁组成的字族大致有如下几个方面：

一是指食物，如饼、饭、餐、饴（米酱煎熬而成的糖浆）、糇（干粮）、馕（粥）等。

二是指饮食状态，如饥、饿、饱、饶、馑、蚀等。

三是指饮食方式，如饪、饯、饷、饲等。

二、《随园食单》作者袁枚的百味人生

《随园食单》的作者袁枚，其人生经历可以说是"五味杂陈"，他把人生的况味与饮食的百味相参照，才写出了这一经典。袁枚（1716—1797），字子才，号

（清）叶衍兰《袁枚着色像》

简斋，晚年自号"仓山居士""随园老人"，世称"随园先生"，钱塘（今浙江杭州）人。

袁枚的人生历程，可以概括为苦涩的童年，甘甜的青年，清淡的中晚年。他出身于"家徒四壁，日用艰难"的世代书香之家，"幼有异秉"，有志于学，嗜书如命，从小就有"才子"之誉。青年得志，23 岁中进士、选庶吉士；也许是他的文人气质和书生气，不适应"官场"的规则，一直得不到晋升。他曾任溧水、江浦、沭阳、江宁诸县县令，为官 9 年，虽然正

（清）尤诏、汪恭《随园湖楼请业图》（局部）

直勤政，颇得民心，可惜仕途坎坷，一直得不到升迁。于是，他重新选择了人生之路，于32岁时辞官隐居。乾隆年间大兴"文字狱"，让文人噤若寒蝉，如龚自珍所云："避席畏闻文字狱，著书都为稻粱谋。"袁枚不闻政事，他抱着无法改变环境，不如改变自己心境的人生态度，在如诗如画的园林、诗词和美食中寻找一个新的天地和精神寄托。于是，袁枚选择了清淡的中晚年，广交宾朋，悠游于园林吟诗和品尝美食之中，成为当时著名的雅士和风流才子。

袁枚也是一位园林建造专家，他亲自规划设计了一座园林，并把它命名为"随园"。随园位于南京五台山余脉小仓山一带，原为曹雪芹祖上园林，是著名的私家江南园林，清代江南的三大名园之一。清代康熙年间则是江宁织造曹寅家族园林的一部分，也就是

《红楼梦》里的大观园。后归于接任江宁织造的隋赫德，故曾名"隋园"。

乾隆初年，官居江宁知县的袁枚以三百金买下这片园林，并加以整修，"因山筑基，引流为沼，莳花种竹，随夹岸而为桥，随其湍流而为舟，就势取景，所以称为'随园'"。袁枚辞官以后，就居住在这里，聚朋会友，读书写作，享林泉、山水、花卉、动物之乐。从此，随园之中，不仅平时宾客盈门，觥筹交错；且时兴聚会，宴会广开。乾隆二十九年（1764）八月大"宴秋试者"，"张灯树上"，"九天星斗三更落，四海人才一座收"。乾隆三十九年（1774）袁枚母亲九十大寿在园中所开寿筵之盛，更是轰动整个江宁城："九十高堂寿，千灯上下张。环山生火树，摇水动珠光。隔岸笙歌助，倾城士女狂。此时一杯酒，真个紫霞觞。"每

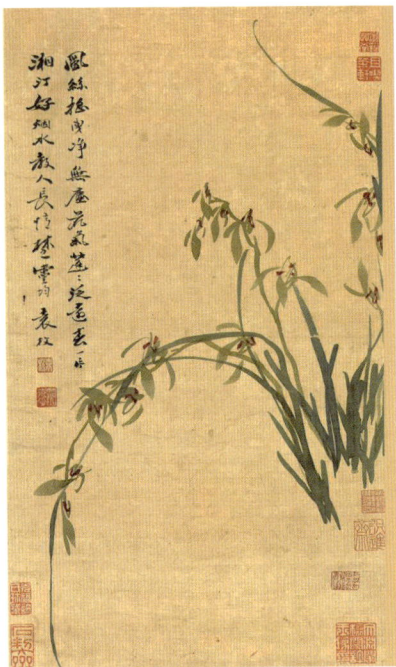

（清）袁枚《湘汀春兰图》

兴此类大会，常是"随园一夜斗灯光，天上星河地上忙"，"客散华堂酒未收，重教金狄守更筹"。随园延宾，上自一品顶戴的封疆大吏，下至布衣名流，可谓"方知天下春归处，都在先生此屋中"。

袁枚是一位出色的诗人。他以著述诗文立名，成为"乾隆三大家"之一。《清史》里称他写的诗文"天才横逸，不可方物"。袁枚以其"落想腾空眩目奇"的才华和"诗吟一字响千年"的杰出成就，为中国诗学增添了光彩，史称其"为当时诗坛所宗"，"上自公卿，下至市井负贩，皆知其名。海外琉球有来求其书者"。中年以后的袁枚已经是"著作如山，名满天下"，以至他自己都很自信地说："千秋万世，必有知我者。"《随园诗话》是袁枚的一部代表作，其中《马嵬》一诗给人留下了深刻的印象："莫唱当年长恨歌，人间亦自有银河。石壕村里夫妻别，泪比长生殿上多。"

袁枚还是一位美食大家。他的美食论著与诗文相比，毫不逊色。他在总结自己的学术成就时说："平生品味似评诗，别有酸咸世不知。"他的学术生涯和成就相当一部分是食学，他自认为自己的食学成就也不在有"当代龙门"之誉的诗学成就之下，而且已经达到了远在世人认识与理解能力之上的超凡入圣境界。

袁枚是一个懂生活、会享受的人，更是一个美食主义者。他极其会吃、善吃、能吃，而且用心去吃。他活了81岁，积40余年孜孜不息之努力，将其口腹享受之精华、精彩、精粹，凝结成这本具有划时代意义的中国饮食文化大作——《随园食单》。

《随园食单》是袁枚40多年一口口品尝出来的经验总结，每当遇到佳肴，他都会让自家厨子去学习。《随园食单》中有"菜单"，更有仪式讲究和烹饪须知，对餐具、清洁、上菜顺序、调料搭配等颇有讲究。《随园食单》之所以被称为经典，不止因为它提炼总结了饮食的技法，还因为它把饮食之术上升到饮食之道的层次。吃，是一种享受；会吃，却是一门学问。并非所有人都能把吃到嘴的美味佳肴说出子丑寅卯，讲得头头是道。而提起笔来写吃，写得令人读起来津津有味、口舌生香，那才是作为一个美食家的最高境界。《随园食单》就是这样一位懂吃、会吃，又能写吃的高手的经验结晶。

袁枚自号"随园老人"，写吃喝也极显一个"随"字，甚至可以说是率性豪放、自然天真。一方面，袁枚自称对吃喝十分讲究，"皆有法焉，未尝苟且"，显示了自己作为一个美食家的认真；另一方面，袁枚在吃喝上又表现得十分率性，寥寥几笔，喜忧好恶跃然纸上。

三、《随园食单》的饮食观

"饮食"从表面看似乎很简单，其实大有学问。袁枚在《随园食单·序》中说："《典论》曰：'一世长者知居处，三世长者知服食。'古人进鬐离肺，皆有法焉，未尝苟且。"意为，一代尊贵者，知道建造舒适居处；三代尊贵者，才能真正掌握饮食之奥秘。古人对于进食鱼翅以及分割动物祭品肺叶之类的事情，均有一定的法则，不曾马虎了事。可见，对饮食的领悟，需要长期学习、观察、实践加之环境熏陶，即使花一辈子的时间也不一定能够精通。

袁枚对饮食非常用心、留心，孜孜不倦以学为食，博采百家，继承创新。他在《随园食单·序》中说："每食于某氏而饱，必使家厨往彼灶觚，执弟子之礼。四十年来，颇集众美。"在"戒苟且"篇中，袁枚借题发挥，点明饮食亦有大学问，要得"真味"需下真功夫："凡事不宜苟且，而于饮食尤甚……审问慎思明辨，为学之方也；随时指点，教学相长，作师之道也。于是味何独不然也？"他为人率真放达，曾说自己"好味，好色，好葺屋，好游，好友，好花竹泉石，好珪璋彝尊、名人字画，又好书"。将这"好味"放在"好色""好葺屋"等喜好之首，可见袁枚对饮食的痴迷与推崇，故他被后人称为"食圣"。

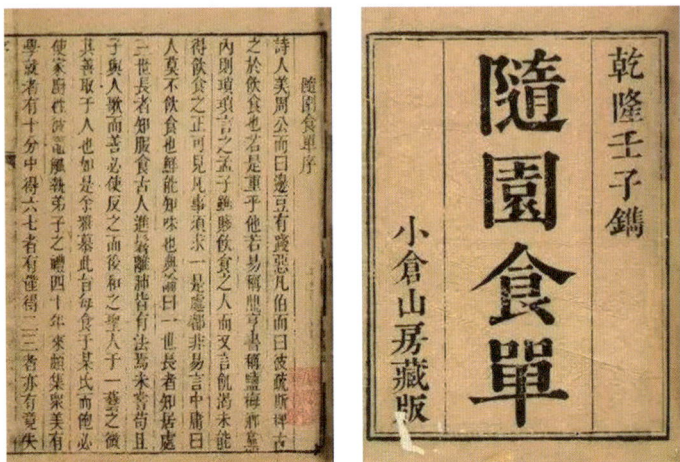

《随园食单》书影

　　《随园食单》内容丰富，包罗万象。全书分为须知单、戒单、海鲜单、江鲜单、特牲单、杂牲单、羽族单、水族有鳞单、水族无鳞单、杂素菜单、小菜单、点心单、饭粥单、茶酒单十四个部分，详细论述明清两代流行的三百多种菜式。在食物原料方面，常见的谷物瓜蔬、家禽野味、飞鸟鱼类等，样样齐备。其中以江南的美食为主。

在烹调技术方面，煨、烧、焖、煎、爆、炒、蒸、炸、炖、煮、腌、酱、卤、醉等制作方式，面面俱到。

在菜式特点方面，该书主要介绍了以江浙地区为主的菜肴饭点以及美酒名菜，但不局限

（元）陈琳《溪凫图》

于一隅，也介绍了京菜、粤菜、徽菜、鲁菜等地方菜式，南北皆有。一些历史上的地方名菜也通过袁枚书中的记载得到传承发扬，成为当地流行的有名美食。在饮食菜式的层次上，《随园食单》也不拘一格，既有如"阳春白雪"的山珍海味，也有"下里巴人"般的粗茶淡饭，高低不论，全面记述。所记载的菜式包罗万象：宫廷菜，有"王太守八宝豆腐"，原是康熙时代宫廷御膳房的菜式；官府菜，有尹文端公家的蜜火腿、杨兰坡府中所制的肉圆、扬州朱分司家的红煨鳗等；民间菜，主要是根据不同厨师的特点所烹制的各类家常菜式；民族菜，有满族的白片肉；街市

菜，主要是江浙地区城镇店铺经营的各种菜肴小食等。可以说，《随园食单》一书为后人留下了反映清代饮食文化兴盛发展的宝贵历史文献。

更为难能可贵的是"点心单"部分，其中介绍的点心跨越南北，如杭州制法的鳝面、蓑衣饼、糖饼、百果糕以及金团，苏州风味小吃软香糕，南京的新栗、新菱、白云片以及扬州的运司糕、洪府粽子，山东的刘方伯月饼、薄饼以及青海小吃韭合等。

（清）徐扬《盛世滋生图》（局部）

清人梁章钜在其《浪迹丛谈》里，凡谈及饮食，无不推介袁枚的《随园食单》，认为袁枚"所讲求烹调之法，率皆常味蔬菜，并无山海奇珍，不失雅人清致"。尽管这本书文字篇幅不大，但科学、文化含量极高，是中国饮食文化史上的经典之作。

袁枚的饮食观，可以概括为如下几个方面：

一是"性灵论"。袁枚提出了作诗的"性灵论"，主张诗人写诗要抒发其本身的性情禀赋，流露自然感情，表达真意，而不要矫揉造作、模仿堆砌。他的这一主张也融合到饮食观之中。他认为在烹饪之前要了解食材、尊重物性，注意食材搭配和时间把握。

袁枚在"先天须知"中说："凡物各有先天，如人各有资禀。"意思是说，凡是世上的事物都有它先天的特性，就像人一样有不同的资质本性。袁枚在"戒穿凿"中又说："物有本性，不可穿凿为之。自成小巧，即如燕窝佳矣，何必捶以为团？海参可矣，何必熬之为酱？西瓜被切，略迟不鲜，竟有制以为糕者。苹果太熟，上口不脆，竟有蒸之以为脯者。"意思是说，凡食物都有自我本性，不可牵强行事。顺其自然，即为巧作。比如燕窝，本为佳品，何必捶成一团？海参本身就很好，何必要熬成酱？西瓜切开后，时间稍长即不新鲜，竟然还有人将之制成糕。苹果太熟，食之不脆，竟然也有人把它蒸制成果脯。其实，食物的制作要顺其本性，新鲜、原味最好，当今很多果脯，在加工中为了防腐往往放入添加剂，如防腐剂之类，不但吃不到食物的真味，也给人的身体带来伤害。袁枚的"性灵论"，其实就是"原味论"。"有味使之出，无味使之入"，这就是袁枚对待食材的态度，称得上是至理名言。

二是"和合论"。中和之美是中国传统文化最高的审美理想。《尚书·说命下》中就有"若作和羹，尔惟盐梅"的名句，意思是要做好羹汤，关键是调和好咸（盐）酸（梅）二味，以此比喻治国。《礼记·中庸》："中也者，天下之大本也；和也者，天下之达道也。致中和，天地位焉，万物育焉。"《左传》中晏婴（齐国贤相）也与齐景公谈论过什么是"和"，指出"和"不是"同"，"和"是要建立在不同意见协调的基础上的。因此，中国哲学认为天地万物都在"中和"的状态下，找到自己的位置而蓬勃生长。袁枚在饮食中强调的"和合论"，主要有如下的观点：

首先是食物的调和。他在"配搭须知"中说："要使清者配清，浓者配浓，柔者配柔，刚者配刚，方有和合之妙。"他还强调要荤素搭配。食物有相宜和相忌，科学搭配不同食物，使之不仅美味、好看，而且有益于人的健康。

（清）团时根《松下煮羹图》

其次是五味的调和。所谓"五味调和"中的五味，是一种概略的指称。我们所享用的菜肴，一般是具备两种以上滋味的复合味型，而且是多变的味型。《黄帝内经·素问》云："五味之美，不可胜极。"《文子》则说："五味之美，不可胜尝也。"说的都是五味调和可以给人带来美好的享受。调味，也是烹调的一种重要技艺，所谓"五味调和百味香"。《随园食单》在"调剂须知"中说："调剂之法，相物而施。"他认为食物调剂的方法，要因食物特性而定。要善于去腥味，"有气太腥，要用醋先喷者"，即有的食物腥味重，必先用醋喷洒除腥；要善于保持食物的鲜味，"有取鲜必用冰糖者"，即有的食物需要取鲜，必用冰糖调和；要善于保持浓味，"有以干燥为贵者，使其味入于内，煎炒之物是也"，即有的食物，最好是干烧，能让食味更为浓郁，煎炒的菜式就是这个道理。袁枚在这里强调的是在烹饪的过程中，一定要保持味道的调和，而调味的方法是变化多样的。

最后是食物与食器的协调。他在"先天须知"中写道："物性不良，虽易牙烹之，亦无味也。"一道美味佳肴十分之四要归功于原料，十分之六归功于厨师的手艺。优秀的厨师不但能使食物搭配协调，而且能使食器与食物协调。《随园食单》在器皿的选择上，要求素雅清丽，强调与食物的搭配要和谐整齐，"惟是宜碗者碗，宜盘者盘，宜大者大，宜小者小，参错其间，方觉生色。若板板于十碗八盘之说，便嫌笨俗。大抵物贵者器宜大，物贱者器宜小。煎炒宜盘，汤羹宜碗，煎炒宜铁锅，煨煮宜砂罐"。美食配美器，契合视觉感官审美，使菜肴增添诗情画意。

食物与食器

三是"本味论"。《随园食单》在"变换须知"中写道："一物有一物之味，不可混而同之……善治菜者，须多设锅、灶、盂、钵之类，使一物各献一性，一碗各成一味。嗜者舌本应接不暇，自觉心花顿开。""独用须知"又说："味太浓重者，只宜独用，不可配搭……食物中，鳗也，鳖也，蟹也，鲥鱼也，牛羊也，皆宜独食，不可加搭配。"每种食物都有各自独特的味道，在食物的烹调过程中，要尽力保留食材本身的味道，显示其独特的风味。

四是"洁净论"。对于饮食的烹调，必须具有良好的饮食卫生条件与卫生环境。《随园食单》在"洁净须知"中指出："切葱之刀，不可以切笋；捣椒之白，不可以捣粉。闻菜有抹布气者，由其布之不洁也；闻菜有砧板气者，由其板之不净也。'工欲善其事，必先利其器。'良厨先多磨刀，多换布，多刮板，多洗手，然后治菜。至于口吸之烟灰，头上之汗汁，灶上之蝇蚁，锅上之烟煤，一玷入菜中，虽绝好烹庖，如西子蒙不洁，人皆掩鼻而过矣。"中国传统饮食文化的一大特色就是讲究饮食卫生，在现代餐饮业，饭店洁净是基本的要求，菜肴味道好、地道实在、卫生环境好的，哪怕是开在偏僻巷子里的小馆子也会门庭若市；卫生差的，哪怕菜肴味道好也鲜有人问津。洁净首先在于食材的干净；其次是环境的整洁；再次是厨具的干净。

五是"精细论"。《随园食单》在"须知单"中，对于作料、调剂、火候、器具、上菜、选用等都进行了精细的说明。袁枚在"选用须知"中就写道："选用之法，小炒肉用后臀，做肉圆用前夹心，煨肉用硬短勒。炒鱼片用青鱼、季鱼，做鱼松用鲜鱼、鲤鱼。蒸鸡用雏鸡，煨鸡用骟鸡，取鸡汁用老鸡；鸡用雌才嫩，鸭用雄才肥；莼菜用头，芹韭用根，皆一定之理。余可类推。"

孔子对饮食的要求是"食不厌精，脍不厌细"。每个朝代的皇家贵族对于食物的追求都格外精细。清朝时期，贵族人家对于吃的追求，可以透过曹雪芹《红楼梦》描绘的大观园缩影窥见一斑。《红楼梦》中描写的美食多达一百六十多种。"泉溜色发兰苕绿，饭熟香起莲瓣红"的碧粳香米作"解暑汤"，"合欢汤""火腿鲜笋汤""洁粉梅片""雪花洋糖"……应有尽有。袁枚的"精细论"，对生活品质提出了更高的要求，是饮食中对文明进步的追求。

（清）孙温《红楼梦·赏中秋新词得佳谶》

四、袁枚在饮食之道中的独特贡献

袁枚认为个人人生与国家大事莫过于饮食，"饮食"是一门可以与任何其他学科同等看待的大学问。袁枚在《与薛寿鱼书》一文中说："夫所谓不朽者，非必周孔而后不朽也。羿之射，秋之弈，俞跗之医，皆可以不朽也。"袁枚认为所谓不朽的人，并不一定要像孔子那样，后羿的射技、弈秋的棋艺、俞跗的医术，都是可以不朽的。这就是说，只要在某一领域做出开创性的事业，都可以称得上是"立言""立德""立功"，成为"不朽"成就的其中之一。

为此，他把总结、升华中华饮食之道作为毕生的事业和大学问。"莫怪何曾唤奈何，看佳原不在钱多。"袁枚把高层次的饮食生活视为一种艺术化境界，把烹馔当作追求精致生活的结果。这种境界和结果，需要美食家与"良厨"的共同努力。袁枚认为"作厨如作医"，称厨德、厨艺、厨绩三者皆备的厨者为如同史家称颂的良相、良将、良医一样的"良厨"，等而下之是名厨、名手，再下之则为俗厨、恶厨。达到艺术化境界的菜品制作，不是一般意义的厨师做菜，而是如治国、治军一样的"治菜"。他借《厨者王小余传》说："知己难，知味尤难。"

袁枚饮食学说的成就在中华民族饮食文化史上的地位，可以简括为他的五个"率先"。

（1）率先倡导饮食是堂皇正大的学问的观念。历史上，有"饮食者鄙"的观念，把讲吃喝看成是一件低俗的事。袁枚则把饮食从吃饱上升到吃出美味、吃出情调、吃出健康的境界去认识，把大俗之事转变为大雅之事。

（2）**率先充分肯定厨师在美食中的独特作用。**在一些人的眼里，厨师是一个低贱的职业，但袁枚则不这样看，他对厨师给予高度的评价和充分的尊重。他在"先天须知"中说："*大抵一席佳肴，司厨之功居其六，买办之功居其四。*"厨师是需要有专业知识的职业，因此如今的厨师也有职称。厨师在选择食材、洗刷、调剂、烹煮等方面发挥着主要的作用，尤其是厨师的刀工对饮食出品至关重要。厨师对原料进行刀法处理，使之成为烹调所需要的、整齐一致的形态，以适应火候、受热均匀、便于入味并保持一定的形态美，因而刀法是烹调技术的关键之一。我国早在古代就重视刀法的运用，经过历代厨师的反复实践，创造了丰富的刀法，如直刀法、片刀法、斜刀法和雕刻刀法等。正是基于对厨师的尊重，袁枚撰写了一篇深寓哲理、文采飞扬的《厨者王小余传》，为厨师立传，使一个身居社会底层、默默无闻的厨子成为令当代中国三千五百万事厨者心仪崇敬的历史名人。袁枚塑造的王小余是一个心志高远、锐意进取、特立独行、技艺超群的不凡之辈，一个屈身于三尺灶台的大隐的贤人。在袁枚笔下，王小余集厨德、厨艺、厨绩于一身，臻一人之身而至善，为中国厨人之楷模。

（3）率先将"鲜味"认定为饮食的基本味型。袁枚对美味追求的一个突出特点，就是他对"鲜味"的独到理解："味欲其鲜，趣欲其真，人必知此，而后可与论诗。"《随园食单》频繁使用"鲜"字，有40余处。袁枚和李渔是中华饮食史上两个讨论鲜味最多也最深刻的饮食理论家和美食家，而袁枚又是继承了李渔且超越了李渔的鲜味论者。

（4）率先把食事提高到享乐艺术的高度。袁枚之所以能够成为高于普通人的伟大的食学家，是因为他把饮食上升到艺术享受的层次。他在《品味》一诗中云："平生品味似评诗，别有酸咸世不知。第一要看香色好，明珠仙露上盘时。"袁枚对世人说，你们不是已经知道我诗学的才华成就了吗？那么，你们也要明白我的食学功力也不亚于我的诗学呀！袁枚把食事升华到精神体悟、艺术享乐的境界，他认为"知味"是一种极高的人生体验与境界，需要很强的认知与感悟能力。袁枚认为饮食要有情调，要有优雅、艺术的氛围，这主要表现在美味和美器上。他强调菜肴必须色香味俱全，色彩是美感的来源，是美食烹调中必不可少的重要一环。同时，人具有嗅觉，进食前感受到食物的香气，对于提振食欲十分重要。为此，他主张原色原香，反对通过外加物料使食色生香。他更看重饮食中的美味。他认为食品菜肴，不论色形如何，绝不能寡而无味。他主张本味为美、适中为美。袁枚在《随园食单》中引用古语"美食不如美器"，这是说美食要配美器，追求美上加美的效果。中国饮食器具之美，美在质，美在形，美在装饰，美在与馔品的谐和。中国古代食具，有瓷器的清雅之美、铜器的庄重之美、漆器的透逸之美、金银器的辉煌之美、玻璃器的亮丽之美，这些美器给使用它的人以美好的享受。器具之美不仅限于器物本身的质、形、饰，而且表现在它的组合之美、它与菜肴的匹配之美。

（清）佚名《万年不老图册·瑶池春宴》（局部）

（5）**率先系统提出文明饮食的思想**。《随园食单》中贯穿着中国传统文化的中和、礼敬、戒奢的思想，强调要培养正确的饮食观念与良好的价值取向，摒弃饮食生活中的不良嗜好与倾向。他在"戒单"篇中批评了饮食中的陋习，在"洁净须知""本份须知"等有关章节中提出了系统的科学饮食主张。他明确反对以奢为贵、以奇为珍的错误观念和不良习尚，认为中国菜肴应当以鸡猪鱼鸭、蔬笋豆腐等大众可及的日常大宗食物原料为主，认为官场、市肆追求燕窝、鱼翅、海参等奇特山珍海味的风气是不可取的。他还对饮食生活中追求排场、奢侈浪费和穿凿、暴殄、落套、混浊等不良现象提出了严厉的批评。如"戒耳餐"，"耳餐者，务名之谓也"。又"戒目食"，"目食者，贪多之谓也"。他指出类似的饮食恶习，不仅不能真正享受美食之味，而且造成了食物浪费，损害自身的健康，污染社会风气。他认为饮食之道就是食之有味、食之有情、食之有礼、食之有理、食之有节，这些观念充分体现了中国饮食文化的精华，今天读来仍然觉得是一剂"清醒剂"，具有极强的现实意义。

第二讲

饮食之材：优质精良

菜品的生产流程主要包括选料、切配、烹调三个阶段。选料，是做好一道美食佳肴的基础和前提。一个优秀的厨师要具备选料的丰富知识和熟练运用原料的技巧。每种佳肴美食所取的原料，包括主料、配料、辅料、调料等，都有很多讲究和一定之规。中国饮食在选料上有三个特点，一是博；二是严；三是精。其中以"精良"为最重要。所谓"精良"，指所选取的原料，要考虑其品种、产地、季节、生长期等特点，以新鲜肥嫩、质料优良为佳。只有原料品质精良，才能保证烹调之后鲜、嫩、脆、爽等口感和营养需求。

不同的食材给人的口感是不同的，其营养价值也有较大的差异。为此，袁枚在《随园食单》中，首先强调要选好食材。他在"先天须知"中说："凡物各有先天，如人各有资禀。人性下愚，虽孔、孟教之，

（宋）赵佶《柳鸦芦雁图卷》（局部）

无益也。物性不良，虽易牙烹之，亦无味也。"意思
是说，世上所有事物都有它先天的特性，就像人各有
不同的资质本性一样。一个人若是太过愚笨，就算孔
子、孟子这样圣贤的人去教导，恐怕也无济于事。同
样的道理，如果食材低劣，即使由像易牙那样具有高
超水平的名厨来烹调，也难成美味佳肴。袁枚认为烹
饪要选地道和时令食材，只有懂得选择好食材，才能
烹调出好食品。即使是同一品种的食材，其质量高低
不同，烹制出来的食品也有天渊之别。因此袁枚认
为，要真正烹制出美味佳肴，厨师之技能虽然重要，
采购食材者也功不可没。在当今生活中，类似的情况
是很多的。如北京的潮菜馆，虽然也不缺名厨高手，
但由于食材的限制，往往做不出正宗的潮菜。国外的

中餐馆也是如此，因国外的中餐食材多为人工养殖及批量生产，造成同一菜式在质感、味感方面大为逊色。

一、食材要择优而选

食材的优劣与其生长年限、生理特点有关。袁枚在"先天须知"中说："猪宜皮薄，不可腥臊；鸡宜骟嫩，不可老稚；鲫鱼以扁身白肚为佳，乌背者，必崛强于盘中；鳗鱼以湖溪游泳为贵，江生者，必槎丫其骨节；谷喂之鸭，其膘肥而白色；壅土之笋，其节少而甘鲜；同一火腿也，而好丑判若天渊；同一台鲞也，而美恶分为冰炭。"袁枚在这里指出了具体的食材鉴别方法。一是要看生长年限。猪肉以皮薄为佳，不可有腥臊之味。一般来说，老猪和母猪，其生长年限较长，其皮必然较厚，其肉必然较柴、硬。当然，猪肉的品质与品种、饲料也有关系，优质品种和土猪比较鲜嫩。二是要看生理特点。鸡最好选用肥嫩的阉鸡，不可用老鸡或者小鸡。阉鸡因其生理特点所致，运动量较小，所以肉质细腻肥嫩；而其他鸡一般运动量较大，其肉质较为粗糙坚韧，口感自然较差。三是看其生长环境。鳗鱼以生长在湖泊或溪流中的最好，在江河生长的鳗鱼骨刺多、硬，似杂乱的树杈。四是看其饲料。用谷物喂养的鸭子，肉质肥白。五是要看土质。沃土中生长的竹笋，节小而味美。食物的品种、饲养时间、方法、地理环境对食材的影响是巨大的。为此，袁枚说，同为火腿，其优劣有天渊之别；同样来自浙江台州地区的各类鱼干，其质量好坏也可能形同冰炭，相差甚远。

（清）居廉《墨猪》

袁枚强调食物原料的选择要看产地。食材的优劣与其生长环境关系甚大。俗话说，"一方水土养一方人"，"童年的口味是一生的口味"。许多食材是在特定的环境生长的，如土壤、气温等特殊的条件，从而造就了独特的物性和味道。袁枚认为鲫鱼以扁身肚白为好，这是因为这类鲫鱼通常是生长在流动性较好的活水水体环境之中，水中含氧量较高，肉质自然鲜美。生长在湖中的鳗鱼，优游体圆，味质上乘。而生长在江河中的鳗鱼，由于水流湍急，鱼类在其中行游骨刺自然较为发达，这就影响了鱼类的肉质。

　　需要注意的是，不一定在自然野外生

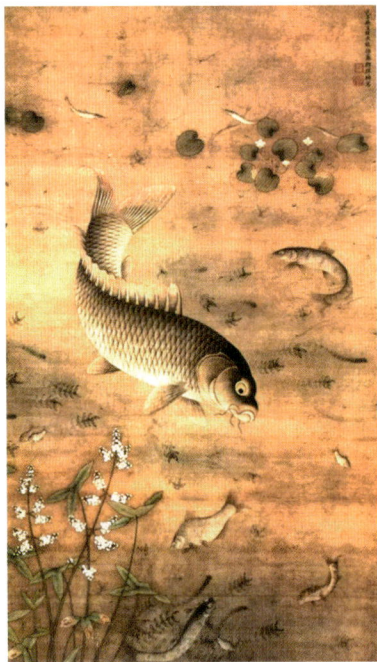

（明）缪辅《鱼藻图》

长的"原生态"的动物其肉质就是新鲜健康的。对此，可以通过动物内脏来判断。比如甲鱼，可以切一点它的肝脏用来白灼尝一下，看是否健康。一般肉质新鲜、质量高的动物，它的肝脏颜色油亮，味道鲜甜，口感富有弹性。

优质的食材，古代以来有"八珍"之说。如山八珍：驼峰、熊掌、犀鼻、鹿茸、果子狸、豹胎、狮乳、猴脑；水八珍：鲍鱼、鱼翅、鱼唇、海参、鳖裙边、干贝、鱼脆、蛤士蟆；禽八珍：红燕、飞龙、鹌鹑、天鹅、鹧鸪、彩雀、斑鸠、红头鹰；草八珍：猴菇菌、银耳、竹荪、驴窝菌、羊肚菌、花菇、黄花菜、云香信。当然这里讲的山八珍、禽八珍等大多是稀有和珍贵的动物，有的是保护动物，今天已经不能食用，属于古时陋习了。其实，有些物品只不过稀有而已，其营养价值并不高，食材的选择一般来说是地道的、生长周期较长的为佳。

除了主料要选用优质的以外，类似油、盐、醋、葱、椒等调味品，也力求用上品，袁枚在"作料须知"中说："善烹调者，酱用伏酱，先尝甘否；油用香油，须审生熟；酒用酒酿，应去糟粕；醋用米醋，须求清洌。且酱有清浓之分，油有荤素之别，酒有酸甜之异，醋有陈新之殊，不可丝毫错误。其他葱、椒、姜、桂、糖、盐，虽用之不多，而俱宜选择上品。"袁枚认为调味品虽然是饮食的辅料，但也要用上品。酱油当用夏日三伏天制作的，在发酵的酱油中，第一遍的头油会有丰富的氨基酸，味道尤为鲜美，选择酱油时要品尝味道是否甜美；油要用芝麻香油，还需识别是生油还是熟油，如今我们多用植物油而少用动物油，如橄榄油、菜籽油、花生油，基本是生油，而动物油如猪肉，则是熟油；酒则要用发酵酿制酒，还须滤去酒糟，当然如今酿造酒的技术已有很大的进步，一般来说用酿出来的米酒都是可以的；醋用米醋，要用清醇不浑浊之醋。同时，还要注意酱有清浓之分，油有荤素之别，酒有酸甜不同，醋有陈新之异，使用时不能有丝毫差错。

（清）虚谷《鱼笋》

上品的调料，对主料起到调和的作用，优势互补，相得益彰，这也是选材要注意的一个问题。

二、食材要因时而选

"天人合一"是中国人的自然观和宇宙观，中国古人强调人类进食要与宇宙的节律协调同步。春夏秋冬、朝夕晦明，要吃应时的食物，甚至食品的加工也要考虑到季节和天气的因素。孔子在《论语》中强调"不时不食"，这包含两重意思：一是定时吃饭，做到饮食有律，符合人体生物钟的要求；二是不吃反季节的食品，要吃时令的食品。"不时不食"，既是对食材的尊重，又是乐天知命。

袁枚强调食物原料要因时而选。食品是大自然的馈赠，每一个季节出产什么样的物品，这是天地运

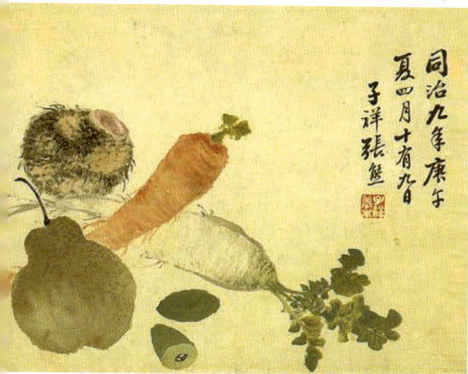

（清）张熊《蔬果图》

行的规律，选择时令的食材不但可以满足口腹之欲，而且有利于健康。袁枚在"时节须知"中说："冬宜食牛羊，移之于夏，非其时也。夏宜食干腊，移之于冬，非其时也。辅佐之物，夏宜用芥末，冬宜用胡椒。当三伏天而得冬腌菜，贱物也，而竟成至宝矣。当秋凉时而得行鞭笋，亦贱物也，而视若珍馐矣。有先时而见好者，三月食鲥鱼是也。有后时而见好者，四月食芋艿是也。其他亦可类推。有过时而不可吃者，萝卜过时则心空，山笋过时则味苦，刀鲚过时则骨硬。所谓四时之序，成功者退，精华已竭，褰裳去之也。"袁枚在这里强调岁时食事要顺应时令，冬季适宜食用牛羊肉，若放在夏天食用，则不合时宜。（这是因为牛羊肉性温，夏天气温炎热，食之容易上火。）夏天适宜食用干腊食品，若到冬天食用，也不合时节。调味品，夏天宜用芥末，冬天宜用胡椒。冬天腌制的咸菜本是低廉食品，而在夏天食用，或成至宝。行鞭笋也是低廉食物，但若在秋凉时节得而烹之，则会被人视为珍品。有些食品提前食用，显得更为美味，如三月食鲥鱼。有的推迟食用更好，如四月食芋艿。其他也可类推。有的则过了时节就不合食用，如萝卜过时就会空心，山笋过时则会变苦，刀鲚过时骨头会变硬。所以万物生长都有四时之序，旺盛期一过，精华已尽，就会失去其本有的美味。

袁枚强调要选择时令原材，是有科学道理的。由于食物本身的特性不同，在不同的时令食用，人体适应及吸收也有较大的差别。所以一定要因时而食，如春夏多吃蔬菜，秋冬多吃瓜果。不过，有些食物在收获季节前食用，其味道可能更佳。如鲥鱼，若在三月份大批上市之前食用，虽然较为瘦削，但更为鲜嫩。当然也有相反的。总之，何种食物在何时食用，要看其味道和营养留存。

选择时令食品，这是由当地的地理环境和时序的运行决定的。有些食物就是需要到某个季节才有而且质量更好，比如西洋菜，要起秋风的时候才会有；而迟菜心就需要打了霜，才会变得嫩甜。顺时而食，其实就是注重跟自然的关系，利用自然的食物，顺应自然规律，调理身体使之与自然和谐。一年四季，按季节而吃，这是中国饮食的一大特征。自古以来，中国人一直按季节变化来调味、配菜，例如冬天味醇浓厚，夏天清淡凉爽；冬天多炖焖爆炒，夏天多凉拌冷冻。

夏日炎炎，难耐的暑热令人食欲不振，于是清淡的饮品成了最受欢迎的食物，如冷面便是盛夏尤为受欢迎的大众食品之一。《帝京岁时纪胜》有记载：夏至，"京师于是日家家俱食冷淘面，即俗说'过水面'是也。乃都门之美品。……谚云：'冬至馄饨夏至面。'"冷淘面早在唐宋时代就已很流行，杜甫有一首《槐叶冷淘》诗，就写到了食冷面的感受，诗中有"经齿冷于雪"的句子。现在许多人有夏日食凉面的爱好，那凉爽的感觉不仅降低了体热，而且驱走了心中的浮躁。

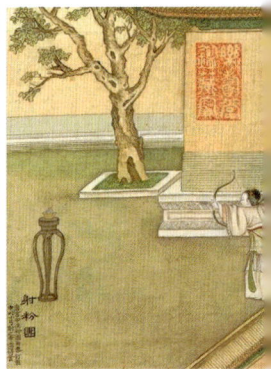

（清）徐扬《端阳故事图册》
（赐枭羹、裹角黍、射粉团）

冬季的节令与夏季正相反，人们于冰雪中取温暖，于寒冷中求热烈。南宋周密在《乾淳岁时记》中说：冬至"三日之内，店肆皆罢市，垂帘饮博，谓之'做节'。享先则以馄饨，有'冬馄饨、年馎饦'之谚。贵家求奇，一器凡十余色，谓之'百味馄饨'"。馄饨适于热食，冬至食之自然为佳，与夏至的冷面正相反，腊日食热粥，又与伏日的凉冰暑汤不同。这说明中国岁时对食物品类的选择，以顺应时令为重要原则。这种选择是基于身体的承受能力和适应能力，也就是说，时令食物的安排要以维护身体的健康作为一个重要的出发点。

三、食材要根据不同的烹制要求而选

菜肴的质量除了主料和调料要选择上品以外，也要适应烹制要求。烹制方法不同，对食材的要求也不同。袁枚在"选用须知"中说："选用之法，小炒肉用后臀，做肉圆用前夹心，煨肉用硬短勒。炒鱼片用青鱼、季鱼，做鱼松用鲩鱼、鲤鱼。蒸鸡用雏鸡，煨鸡用骟鸡，取鸡汁用老鸡；鸡用雌才嫩，鸭用雄才肥；莼菜用头，芹韭用根，皆一定之理。"烹饪方式的炒、蒸、煨、炖、煮对食材的要求是严格和细致的，要精心挑选食材。袁枚在这里说，小炒肉要用后腿紧靠坐臀的肉，制作肉丸需用前夹心肉，煨肉则用肋骨条下的板状肉，炒鱼片用青鱼、鳜鱼，做鱼松用草鱼、鲤鱼。蒸鸡用雏鸡，煨鸡用阉鸡，提取鸡汁用老母鸡；鸡用雄的鲜嫩，鸭用雄的肥壮；莼菜用它的头端嫩叶，芹菜、韭菜用它的根茎。这些都是基本的食料选用方法。在每天的餐桌上，一般来说，一饭一汤一菜一肉，都要根据烹饪方式选择猪、鸡、鸭、蔬菜的不同部位，使之符合烹饪的要求。中国各大菜系各有不同的烹饪方法，

（元）赖庵《藻鱼图》

形成了不同特色。比如目前西餐分子料理中用到的低温慢煮这一烹饪方式，其实在广东很多地方早就存在。在"美食之都"顺

清蒸鲜活东星斑

德，当地人吃鱼时会把鱼浸泡在虾眼水中，水的温度大概在90℃，浸一段时间后拿出来，先把表面熟的那部分吃掉，吃完再把剩余的部分浸泡到虾眼水里，等熟了继续吃。用这种做法，吃起来鱼肉原汁原味，口感鲜嫩。还有一种类似的做法叫油浸，就是用低温的油来浸泡，这样做出来的鱼也是外焦里嫩，极为鲜美。

四、食材要因人而选

人们对饮食有一个不言自明的功利目的，就是强健体魄。我们的先贤墨子在《墨子·辞过》中说：

"其为食也，足以增气充虚，强体适腹而已矣。"以健康体魄为目的的饮食宜忌，是中国饮食文化传统的一个非常独特的内容。同一种食物，有的人不宜食用，有的人却宜食用，这就是因人而异。每一个人的体质、性别、年龄决定了对食物的不同要求，这就要因人而选。高濂在《遵生八笺·饮馔服食笺》中说："物无定味，适口者珍。"所谓"适口者珍"，就是因人而异，适合自己的才是最好的。因此，要从每个人的体质出发，选择适当的食材。如热性体质的人，饮食宜清淡，不宜吃那些让自己发热的食物，如羊肉、狗肉、辣椒以及油炸食品；寒性体质的人，饮食宜滋补，不宜吃西瓜、雪梨等生冷以及苦寒的食物；湿热体质的人，不宜吃糯米和羊肉、狗肉等湿气重、易发热的食物。总之，食物的选择要仔细体察饮食之后自我身体的反应，如果两便通畅，胃口大开，睡眠深沉，则是适合自己的；相反，则是不宜的。"适口者珍"，并非自己觉得爽口的就是好的，有利于自己健康的才是最珍贵的食品。

第三讲

饮食之味：五味调和

诗人白居易不但是一个出色的诗家，还是一个美食家，他在《饱食闲坐》一诗中云：

红粒陆浑稻，白鳞伊水鲂。
庖童呼我食，饭热鱼鲜香。
箸箸适我口，匙匙充我肠。
八珍与五鼎，无复心思量。
⋯⋯⋯⋯⋯

白居易说："红色米粒的陆浑稻、白色鱼鳞的伊水鲂，都已经煮好了，厨房里传饭的小厮喊我开饭，米饭热气腾腾，鱼肉又鲜又香。一筷子又一筷子，一调羹又一调羹，这些菜都太合我的口味了，让我的胃肠如此舒适，不要跟我说什么士大夫才能享用的五鼎礼仪、铺陈八样珍贵食材做成的美食，现在的我才没兴趣想这些呢!"

白居易在这首诗中,赞美了美食的无穷魅力。有人说,这世间唯爱和美食不可辜负,这个说法与"食色,性也"是相通的,美味对人来说确实有强大的魔力!

中国人食以质为本,食以味为先。追求饮食的美味,如本味、香味、鲜味、和味,是中国饮食所要达到的境界。如果菜肴无味道或者有异味,那就意味着食同嚼蜡,甚至心生厌恶。味道,是人的口、鼻、耳、目、心的综合感觉,感受美食的异香、质地和美味,是人类通过五觉的联感进行饮食的审美活动。

作为食物原料的动物,生活在水中的有腥味,食肉的有臊味,吃草的有膻味。虽然人们对它们的气味并不喜欢,但只要经过烹制就可以去除气味,变成美味可口的菜肴,关键在于针对不同的原料采取不同的烹制方法,而"和"就是使食物"适口"的途径。

"和"是饮食可口、美观的本质和基础。菜肴的味道,应在总体上协调平衡,各尽其美,在讲究菜肴味觉的多元性的同时,总体感觉适中、协调、自然。调味之调,贵在调和。"五味调和"是我国最古老的调味理论。中国古代的烹饪就最讲究一个"和"字,烹调

（清）马元驭《双鱼图》

的技术也全体现在一个"和"字上，"和"是中国文化的精髓，也是中国烹饪的最高标准。"和"追求的适度、中庸、和谐，是中国传统的审美观、道德观、人生观的标准，可以说，"五味调和"是中国传统饮食制作和品赏的最高原则。

"霜余蔬甲淡中甜，春近灵苗嫩不蔉。采掇归来便堪煮，半铢盐酪不须添。"中国饮食"以味为本，至味为上"。调味之道，在于尊重食材之本味，致力五味之调和，适应百家之喜好，做出食物之美味。调味既是科学，也是技术，"有味使之出，无味使之入"；调味，既是调和食物五味之道，也是调和人生的"中庸"之道。袁枚在《随园食单》中强调"名手调羹，咸淡合宜，老嫩如式"，对饮食之味有系统的论述，阐述了饮食之味的调和之道与法。

一、"五味调和"是美食烹调、品鉴的最高境界

"五味调和"的理论距今已有三千年的历史，于春秋战国之时，就已经成为人们日常生活的常识并被用来喻指深刻的哲理。《吕氏春秋·本味》篇集中论述了"味"的道理。该篇从哲学的高度和技术的角度，对味的根本，保存食物原料自然之味，调味品的相互作用、变化，水火对味的影响等均作了精细的论述，体现了人们对调和隽美味性的追求、认识水平和经验总结。《吕氏春秋·本味》篇讲了以下几个方面的观点：

一是火是决定菜肴滋味的最基本因素。"凡味之本，水最为始。五味三材，九沸九变，火为之纪。时疾时徐，灭腥去臊除膻，必以其胜，无失其理。"所有味道的根本，水是第一的。然而要凭酸、甜、苦、辛、咸这五味和水、木、火这三材来进行烹调，鼎中九次沸腾，九次变化，火候的控制调节是关键。有时要用猛火急烧，有时要用微火慢烧，消灭腥味，去掉

臊味，去除膻味，烹出美味，全在于火候的掌握，千万不能违背火候运用的规律。高明的厨师，心中有数，会掌握好火候，把用火的时间安排得恰到好处。

二是要善于调和。"调和之事，必以甘、酸、苦、辛、咸，先后多少，其齐甚微，皆有自起。"谁先谁后、谁多谁少，都很精妙。调味的学问，在于甘、酸、苦、辛、咸五味的巧妙配合。投放调料的先后次序和用量的多少，都是有讲究的，剂量的差异虽然很微小，但影响甚大。

各种调料

三是要善于调和鼎中食物的变化。"鼎中之变，精妙微纤，口弗能言，志弗能喻。若射御之微，阴阳之化，四时之数。故久而不弊，熟而不烂，甘而不哝，酸而不酷，咸而不减，辛而不烈，淡而不薄，肥而不腻。"鼎中味道的变化是很精妙的，只可意会，不可言传。这就如同射箭、驾车那样精妙，如同阴阳化生万物，以及四时推移变化的规律一样。所以时间虽久而不败，熟而不烂，甜而不过头，酸而不强烈，咸而不苦涩，辣而不刺激，清淡而不寡味，肥而不腻口。要使五味正好合适，要经历"调和"的过程，掌握各种原料的先天物性，"齐"之以水、火，精辨先后多少，顺乎四季自然，"济其不及，以泄其过"，达到"允执其中"的和谐至美的境界。"五味调和"的理论包含如下内涵：

第一，"五味调和"是天地人之道。中和之美是中国传统文化的最高审美理想。"中也者，天下之大本也；和也者，天下之达道也。致中和，天地位焉，万物育焉。"（《礼记·中庸》）"中"是指恰到好处，合乎法度。中国哲学认为天地万物都在"中和"的状态下找到自己的位置以繁衍发育。这种审美理想追求个体与社会、人与自然的和谐统一。"五味调和"就是建立在中和之美的价值观之上的。

第二，"五味调和"的核心内容在于"和"。《吕氏春秋·本味》："夫三群之虫，水居者腥，肉玃者臊，草食者膻。臭恶犹美，皆有所以。"这水居之"腥"、肉食之"臊"、草食之"膻"，香臭皆有用处，关键在于"和"。烹调之理正合于道，烹调之道则在于"和"。

袁枚在"配搭须知"中说："要使清者配清，浓者配浓，柔者配柔，刚者配刚，方有和合之妙。"这里说的"和合之妙"在于，清淡菜肴，配清淡配料；浓烈菜肴，配浓烈配料；菜肴柔软，配料也要柔软；菜式刚硬，配料也要刚硬，这样才能烹调出和美的佳肴。这些搭配关键在于"相合""和合""融合"。他还批评胡乱搭配的做法，如有人把蟹粉放入燕窝中，把百合放入鸡肉、猪肉中，这是荒谬透顶的做法。在烹调过程中各种物料之间的对比关系，参与变化的先后时间顺序及适当时机，各种细致复杂的味性变化，都源自各种物料的自然属性。它们是有规律可循的，但因其精妙微纤、变幻万千，

所以，只能靠心领神会，很难用语言表达得精确透彻，或毕其一生也无法穷尽其理。这要靠在实践

冬瓜荷叶煲鸭

中不断感悟和调整，才可达到精微的境地。"五味调和"中的"调"可以致"和"，又没有穷尽，调和之道与至美之道，是非常精妙、精致的，全靠在实践中摸索、总结和感悟。

第三，"五味调和"的技法在于用好"水"和"火"。"五味调和"致"和"之法，"水最为始"，"火为之纪"，"水火"不"齐"则为"失饪"，"失饪"则"不食"。所以，袁枚认为事厨者若"能知火候而谨伺之，则几于道矣"。而甘、酸、苦、辛、咸"五味"，又必须衡量先后多少之物性变化，用"其性"且又不失"其理"，才能"灭腥去臊除膻"，达至"和"之境界。

可见，"五味调和"理论的形成，是中国先贤对

长期饮食实践的经验总结，是中华饮食审美意识的反映，至今仍然是我们在饮食审美实践中所追求的境界。

二、"五味调和"的基本准则

饮食之味是指饱口福、振食欲的滋味，它追求的是原料中"先天"自然质味之美和"五味调和"的复合美味，不管是先天质味，还是多种原料相互搭配的复合之味，都要"味得其时""味得其法"，给人以舒适的感觉。品味的过程，既是生理的满足，又是精神的享受。作为一种高层次的饮食鉴赏能力，品味是眼、鼻、舌、心的综合审鉴活动，通过察色形、嗅香味、品滋味、悟道理、赏韵味最终完成。"人莫不饮食也，鲜能知味也"，《中庸》的这句话是至理名言，要做到真正懂得饮食之味是需要知识、训练和悟性的。知味者不仅善辨味，而且善取味，非以五味偏胜，而是善调味。"五味调和"要遵循的基本准则有如下几个：

其一，尽可能地体现食材的本味、真味。

优质的食材都有其独特的味道，吃鸡有鸡味，吃菜有菜味，这种本味、真味就是最好的味道。《随园食单》在"独用须知"中说："味太浓重者，只宜独用，不可配搭。如李赞皇、张江陵一流，须专用之，方尽其才。食物中，鳗也，鳖也，蟹也，鲥鱼

（明）刘节《鱼蟹图》

也，牛羊也，皆宜独食，不可加搭配。何也？此数物者味甚厚，力量甚大，而流弊亦甚多，用五味调和，全力治之，方能取其长而去其弊。何暇舍其本题，别生枝节哉？金陵人好以海参配甲鱼，鱼翅配蟹粉，我见辄攒眉。觉甲鱼、蟹粉之味，海参、鱼翅分之而不足；海参、鱼翅之弊，甲鱼、蟹粉染之而有余。"袁枚认为，那些本味浓烈的食物原料，适宜单独为肴，

（宋）毛益《鸡图》

这是为了保留其本味和真味。如果过多地掺杂其他食物，则会夺其正味。为此，他在这里说，味道过于浓烈的食物，只能单独使用，不可与他物搭配。正如李绛、张居正一类性格刚烈、有才华的人，单独使用，才能充分发挥其才干。食物中的鳗鱼、鳖、蟹、鲥鱼、牛羊等，都应单独为肴，不可另加搭配。为什么呢？因为这些食物味重浓厚，足可独成一肴。其缺点也不少，需要以五味调和，精心制作，方能得其美味，去其不正之味。哪里还顾得上舍弃其本味特点而节外生枝？南京人喜欢以海参配甲鱼、鱼翅配蟹粉，我见了不禁眉头紧皱。甲鱼、蟹粉之味，不足以分给海参、鱼翅，而海参、鱼翅之不正之味，却足以污染甲鱼与蟹粉。一般来说，本味包括味道和口感。每一种食物都有独特的味道，特别是一些味道较浓的食物，原汁原味就是最好的。广东人讲究"鸡有鸡味，鱼有鱼味"就是这个道理，在烹调中应尽量地保留其本味。袁枚认为，"求香不可用香料"，"一碗各成一味"，"各有本味，自成一家"。

白切鸡

《随园食单》在"变换须知"中说："一物有一物之味，不可混而同之。犹如圣人设教，因才乐育，不拘一律。所谓君子成人之美也。今见俗厨，动以鸡、鸭、猪、鹅，一汤同滚，遂令千手雷同，味同嚼蜡。吾恐鸡、猪、鹅、鸭有灵，必到枉死城中告状矣。善治菜者，须多设锅、灶、盂、钵之类，使一物各献一性，一碗各成一味。嗜者舌本应接不暇，自觉心花顿开。"袁枚在这里说，每一种食物都有自己独特的本味，不可混杂同烹。如同圣人施教，总是因人而异，并不拘于一格。正所谓君子成人之美。如今总是看到那些低俗厨师，动不动把鸡、鸭、猪、鹅一锅同烹，结果是人人所烹之菜味道相同，味同嚼蜡。假如鸡、猪、鹅、鸭有灵的话，必然会到枉死城中告状申冤。善于烹调的厨师，必须多备锅、灶、盂、钵之类的器具，以突出各种食物的独特本味，使每道菜肴都能各具特色。美食者品尝着层出不穷的美味佳肴，自然心花怒放。当今的"大盘菜"，正是袁枚所批评的菜式，这种菜式是"大杂烩"，简单省事，但从品味的角度看，确实分不出什么味道。

古人认为"淡也者，五味之中也"。清淡之味，是本味、至味的表现，也是健康饮食的要求。老子在《道德经》第六十三章中说："为无为，事无事，味无味。"以无味为味，也是崇尚清淡、以淡味为至味的表现。意思是说，人们往往是抱着有所为的态度而为，而圣人则是无所为而为；人们往往是抱着一定的目的行事，而圣人是无所事而事；人们往往是为满足贪欲而品味，圣人则是"道法自然"，遵循自然的本性，追求淡而无味。

明代陈继儒在《养生肤语》中说，有的人"日常所养，惟赖五味。若过多偏胜，则五脏偏重，不惟不得养，且以戕生矣。试以真味尝之，如五谷，如菽麦，如瓜果，味皆淡。此可见天地养人之本意。至味皆在淡中。今人务为浓厚者，殆失其味之正邪？古人称'鲜能知味'，不知其味之淡耳"。这里讲的"淡"味，就是体现食物的本味和清鲜之味。

明末清初的剧作家、美食家李渔也主张在烹调时保持主料的本色本味。他说，从来最好吃的物料，大都宜于单独烹制。例

清蒸螃蟹

如笋如与其他高级佐料合烹，再调上香油，好吃倒是好吃，但笋的本味却不见了，这是最大的失败。又如他最喜欢吃蟹，家人笑他"以蟹为命"。他说，蟹这种东西，鲜而肥，甘而腻，白似玉，黄似金，已经具备了色、香、味三个特点。如果用它作羹，论"鲜"倒是够鲜的，但蟹的色泽不见了；若用它作脍，论"肥"倒是很肥，但蟹的真味也不存在了；最令人讨厌的是把蟹断为两截，再和上油、盐、豆粉等煎熬，这样就使蟹的色、形及其真味丧失殆尽，所以他主张

蟹要清蒸独味。

清代朱彝尊在《食宪鸿秘·饮食宜忌》中说："五味淡泊，令人神爽气清少病。""酸多伤脾，咸多伤心，苦多伤肺，辛多伤肝，甘多伤肾。"他强调五味要适中，过了则会对五脏产生伤害。饮食宜清淡，不要偏嗜。若肥肉厚酒，五味偏嗜，则会伤身折寿，是养生之大忌。

清淡饮食，是有利于健康的。《红楼梦》中描写贾府的饮食基本上以清淡为原则。贾府中的贵族子弟大多四体不勤，运动量小，加上生活优渥，连丫头都吃腻了肠子、鱼肉、鸡、鸭等肉食，为此她们都讲究清淡和节制。老太太贾母对口腹之欲很节制，吃饭只吃半碗，各色精美点心也只略尝一个，把剩的递与丫鬟。刘姥姥第一次进荣府，看见凤姐饭后的炕桌上摆满碗盘，大多是鱼肉，不过她只动了几样；刘姥姥二进贾府见众人吃得少，笑道："亏你们也不饿，怪道风儿都吹的倒。"姑娘们食量很小，也吃得很清淡。探春、宝钗爱吃油盐炒枸杞芽，就是初春枸杞树发芽时，取带两片嫩芽的一小段茎，用粗盐化开，提取香气，枸杞芽略带苦味，但很爽口，中医认为食之可以清火明目。贾母、王夫人等平时定期吃斋，自觉主动禁食荤腥。如今人们物质生活日益富裕，日日美味佳肴如同过节，比之贾府日常饮食大有超越之处。因此我们更要注重饮食清淡、节制，甚至可以轻断食，定期清理一下肠胃，降低胆固醇的吸收，防止肥胖症和心脑血管等疾病的发生。

粤菜之所以为人们所称道，最主要的一点是味道清淡、清鲜，口感清爽不腻。清鲜绝非清淡如水、淡而无味，而是清中求

上汤焗龙虾

鲜，淡中有美，保持食物特有的鲜美，具有原汁原味。正如袁枚在"疑似须知"中说的："清鲜者，真味出而俗尘无之谓也。若徒贪淡薄，则不如饮水矣。"意思是说，味道清鲜，是指突出食物本味而不沾杂味。如果光是贪图淡薄穷味，倒不如喝清水。粤菜讲究蔬菜的"生鲜"、鱼的"生猛"、禽的"生活"，这

是讲求鲜而不俗，有自然的鲜。可以说，没有一个地方的饮食像粤菜一样对清鲜的追求达到如此痴迷的程度，在烹调中，粤菜厨师为保鲜、提鲜、增鲜、补鲜、助鲜，可谓费尽心机。比如在做龙虾汤的时候，先把龙虾的壳取下来放在炭火上焙烤，烤了后研磨成粉，最后撒到汤里和龙虾肉一起熬制成汤，这样可以成倍地增加龙虾汤的鲜香。除此之外，有时候简单地腌制食材也可以起到提鲜的效果，比如广东阳江有道名菜叫"一夜埕"，它的原料为咸水刀鲤鱼（红三鱼），最早由南海渔民制作而成。它的做法就是用粗盐先简单腌制一下，然后在瓦罐里放置一夜，第二天才吃，这样做出来的鱼肉肥美鲜甜，味觉独特，咸淡适中。可以说，粤菜把菜品的清鲜味的创造视为烹调技艺的最高境界，品尝清鲜食物是饮食的最美享受。

其二，尽可能地展示食材的香味。

人类对香味的喜爱，来自人的天性。香味具有鼓动情绪、刺激食欲的功能。闻香是食物美的极为重要的标志之一，同时也是鉴别美质、预测美味的关键审美环节和检验烹调技艺的重要感觉指标。"香"字的表意，最早是源于人们对饮食美的感觉。《说文解字》释云：

"香，芳也。从黍，从甘。"古代先哲以为黍稷等食粮养民活命之性可引发出施教化、行礼仪、申道德的功用，认为谷物的馨香是一种高尚的"德"之表征，故敬祖礼神，"明德以荐馨香"。

袁枚在"色臭须知"中说："目与鼻，口之邻也，亦口之媒介也。嘉肴到目、到鼻，色臭便有不同。或净若秋云，或艳如琥珀，其芬芳之气，亦扑鼻而来，不必齿决之，舌尝之，

（清）蒋廷锡《瑞谷图轴》

而后知其妙也。然求色不可用糖炒，求香不可用香料。一涉粉饰，便伤至味。"袁枚对饮食滋味的追求，强调的是自然之法，即通过加热烹调，引出食物原料的香气及味道，使食材的色彩和形态发生变化。因

此，他在这里说，眼睛与鼻子，既是嘴巴的近邻，也是嘴巴的媒介。佳肴放在眼睛与鼻子前，颜色、气味的感受或有不同。有的净如秋云，有的艳如琥珀，其芬芳气味扑鼻而来，不需齿嚼，不需舌尝，便可知佳肴美妙。荀子讲过口鼻具有通感的观点，袁枚则讲了目口通感的观点，认为形色也与口感相通，正如成语"秀色可餐"讲的一样，好看的食物的颜色也会引发人的食欲。而要使菜肴颜色美艳，不可用糖炒；追求菜肴美味鲜香，不可用香料。烹调时一旦刻意粉饰，便会破坏食物的美味。袁枚认为食物都有本味，随意添加香料会夺取食物的本味，是不可取的。

其三，尽可能地展示菜肴的鲜味。

中国饮食讲新鲜，富有鲜味，特别是吃鱼，都是以鲜取胜的。凡以鲜取胜的鱼，最宜于清煮或做汤。烹鱼之法，关键在于火候适宜，火候不够则肉生，生则不熟，火候过甚则肉柴，柴则无味。凡鱼类菜肴，最好先把活鱼买来养在水盆里，等客到之后，现杀、现烹，因为鱼的滋味要"鲜"，而鱼制品的鲜味最突出的时刻就在初熟的一刹那间。如果过火或煮好放置时间过长，则鲜味全失。

以蒸鱼为例。一般来说，蒸鱼一定要把蒸完鱼以后的水倒掉，味道才会更鲜美。很多时候，有些人也喜欢在蒸鱼的时候放一点姜葱，这也无妨，但还是建议蒸完鱼

剁椒豆豉蒸海鲈鱼

以后，把蒸过的水和姜葱倒掉，重新下油去爆炒新鲜的姜和葱，然后淋在鱼上，这样才能更好地激发鱼的鲜味和香味。

《随园食单》在"疑似须知"中说："味要浓厚，不可油腻；味要清鲜，不可淡薄。此疑似之间，差之毫厘，失之千里。浓厚者，取精多而糟粕去之谓也。若徒贪肥腻，不如专食猪油矣。清鲜者，真味出而俗尘无之谓也。若徒贪淡薄，则不如饮水矣。"意思是说，菜肴味道要浓厚，但不可油腻；或者味道要清鲜，但不可淡薄。真正能够正确理解与掌握并不容易，稍有偏差，烹调效果差之千里。所

谓味道浓厚，是指取精华而去糟粕。如果光贪图肥腻厚重，倒不如专食猪油。味道清鲜，是指突出食物本味而不沾杂味，如果仅仅贪图淡薄寡味，倒不如喝清水。

总之，调味不但要调料品种齐全、品质优良，而且要调配得恰到好处。对调料的使用比例、下料次序、调配时间（烹前调、烹中调、烹后调）精准使用，才能使菜肴美食达到预定要求的风味。

三、"五味调和"之法

中国饮食讲究调味，所谓五味调和百味香，袁枚在如何调和五味中，介绍了酱料的使用、调剂的方法、食物的搭配、食物的变换以及时序的把握等。

《黄帝内经》云，"五味之美，不可胜极"；《文子》则说，"五味之美，不可胜尝也"，说的都是五味调和可以给人带来美好的享受。善于调味，也是烹调的一种重要技艺。关于调味的作用，据烹饪界学者的研究，主要有：①确定肴馔口味；②矫除原料异味；③无味者赋味；④增加食品香味。

各种香料

调味的方法也变化多样，主要有基本调味、定型调味和辅助调味三种，以定型调味方法运用最多。所谓定型调味，即指原料加热过程中的调味，是为了确定菜肴的本味。基本调味在加热前进行，属预加工处理的调味。辅助调味则在加热后或进食时进行。袁枚在《随园食单》中概括了如下调味方法：

一是烹调一体法。调味品的应用，历史悠久，品种多样，适当的使用对烹调美味佳肴至关重要。《随园食单》在"作料须知"中说："厨者之作料，如妇人之衣服首饰也。虽有天姿，虽善涂抹，而敝衣蓝褛，西子亦难以为容。"袁枚认为酱料在饮食中可以增加色香味。厨师所用的调味品，恰似妇女穿戴的衣服首饰。有的女子虽然貌美如花，也善于涂脂抹粉，然而穿着破衣烂衫，即使是西施也难以展示她的美貌。

烹调合为一体，强调了调味和调味品的作用，讲究调味品的投放量和加热过程中的先后次序。调味的作用是去腥解腻，减轻烈味，增生美味，突显菜肴主味，增加菜肴色彩。在中国，几乎

蒜蓉粉丝蒸扇贝

每个菜都要用两种以上的原料和多种调料来调和烹制。即便是家常菜，一般也是荤素搭配来调和烹制的，如韭黄炒肉丝、肉片炒蒜苗、腐竹焖肉、芹菜炒豆腐干等。荤素搭配，是为了使菜肴浓淡鲜薄相宜。例如，白菜与鸡肉或其他肉类共烹，会烹制出更好的滋味，使肉的滋味渗入白菜，白菜的滋味渗入肉中，在调和中制造出精美的味道。

二是因物调剂法。"五味调和"，要因菜而定，根据不同的食物特性，采用不同的调剂方法。《随园食单》在"调剂须知"中说："调剂之法，相物而施。有酒、水兼用者，有专用酒不用水者，有专用水不用酒者；有盐、酱并用者，有专用清酱不用盐

者，有用盐不用酱者；有物太腻，要用油先炙者；有气太腥，要用醋先喷者；有取鲜必用冰糖者；有以干燥为贵者，使其味入于内，煎炒之物是也；有以汤多为贵者，使其味溢于外，清浮之物是也。"调味的方法，要"相物而施"，即因食物而定。调味品既可单一使用，也可多样搭配。通过不同调味品的运用，既可以去除食物原材料中的不良气味，也可以发挥食材本身的鲜味。袁枚在这里说酒、水、酱、盐等既可单用，也可以配合着用。有的食物太过油腻，必先用油炸，油炸可以令食物收缩，脂肪融化，减少肥腻，让香味更加突出。有的食物腥味较重，必先用醋喷洒除腥；有的食物需要取鲜，必用冰糖调和；有的食物最好是干烧，能让食物更为浓郁，煎炒的菜式就是这个道理；有的菜式以汤多为好，能使其味散发于外，那些清爽而又易浮于汤面的食物就是这样。如汤煨，可以让食物原料鲜味充分地被调动出来，融合在汤中。总之，食物烹调中味道的调剂，因物而定，不拘一格。

三是合理搭配法。食物有相宜和相忌，合理的搭配可以使食物的味道更鲜美，形状更好看。《随园食单》在"配搭须知"中说："谚曰：'相女配夫。'《记》曰：'儗人必于其伦。'烹调之法，何以异焉？凡一物烹成，必需辅佐。"在一个菜式中，往往有主菜和配菜，这正如中药的方剂中有君、臣、佐、使的相互配合一样。袁枚在这里提出，俗话说："什么样的女子配什么样的丈夫。"《礼记》也说："判定一个人，必须与他同类的人做比较。"烹调的方法，不也是一样的道理吗？凡是将一件食材料理得当，都需要与之相配的辅料。

那么，如何搭配才是科学的呢？《随园食单》中提到了几点：第一，因质相配。"要使清者配清，浓者配浓，柔者配柔，刚者配刚，方有和合之妙。"其中，有些食料既可配荤，也可配素，如蘑菇、鲜笋、冬瓜。第二，防止异质相违。"可荤不可素者，葱、韭、茴香、新蒜是也。"这是说，有些食料只可配荤，不可配素。如葱、韭、茴香、新蒜等。在斋菜馆的菜式中，很少看到有几种配料的。"可素不可荤者，芹菜、百合、刀豆是也。常见人置蟹粉于燕窝之中，放百合于鸡、猪之肉，毋乃唐尧与苏峻对坐，不太悖乎？"这是说，有的食料只可配素，不可配荤，例如芹菜、百合、刀豆。经常看到有人把蟹粉放入燕窝中，把百合放入鸡肉、猪肉中，这样的搭配，好比唐尧与苏峻对坐，荒谬透顶。第三，荤素搭配。"亦有交互见功者，炒荤菜，用素油，炒素菜，用荤油是也。"当然，也有荤素互用效果良好的，如炒荤菜用素油，炒素菜用荤油。第四，"味太浓重者，只宜独用，不可配搭"。如食物中的鳗鱼、鳖、蟹、鲥鱼、牛羊等，都应单独为肴，不可另加搭配。

（清）恽寿平《花果蔬菜册页六开之二》

四是合理程序法。程序是指一台席面或整个筵宴肴馔在原料、温度、色泽、味型、浓淡等方面的合理搭配，上菜时讲究科学的顺序，注重宴饮设计和饮食过程的和谐与节奏化等。"序"的注重，是把饮食作为享乐之事，并在饮食过程中寻求美的享受。它可以上溯到史前人类劳动丰收的欢娱活动和早期崇拜的祭祀典礼行为中，从中人们获得特别的、隆重的欢悦感。程序的讲求，使饮食有仪式感、节奏感，也使饮食成为品赏和享受的过程。袁枚十分明确地反对"铺陈杂而不序"的菜肴罗列和宴享程序。他说："上菜之法：盐者宜先，淡者宜后；浓者宜先，薄者宜后；无汤者宜先，有汤者宜后。且天下原有五味，不可以咸之一味概之。度客食饱，则脾困矣，须用辛辣以振动之；虑客酒多，则胃疲矣，须用酸甘以提醒之。"适当地变换菜肴味道，可以对人的味觉产生刺激，让进食者在食欲的协调节奏中，不断产生兴奋感，激发食欲。故上菜的方法，先咸后淡，先浓后薄，无汤的菜先上，有汤的菜后上。天下之菜肴原有五味，不能单以一个咸味概括。估计客人吃饱了，脾脏累困，需用辛辣之味以刺激食欲；考虑到客人酒喝多了，肠胃疲惫，则用酸甜之味以提神醒酒。

苏轼有词作云："细雨斜风作晓寒，淡烟疏柳媚晴滩。入淮清洛渐漫漫。雪沫乳花浮午盏，蓼茸蒿笋试春盘。人间有味是清欢。"苏轼认为人间真正有味道的还是清淡的欢愉。食物之美，色香味形进食之趣，在于品味。品味之趣，口不能言，志不能喻，南甜北咸，东辣西酸。品味是品鉴美食的出发点也是切入点，而不同的地方口味也有差别，因此，"物无定味，适口者珍"，"萝卜白菜，各有所爱"，味道的选择和调剂，也要因人制宜，因人而异，和而不同。盐有咸味、水有淡味，甚至风也有味道，只有我们细心地去体悟，才可以感受到，时间带来了醇味、人情的真味。正所谓才下舌尖，又上心间，品味菜肴，既是品技巧，也是品人生、品感情！

"以味为本，至味为上"的饮食价值观，成为推动中国烹饪法创新和多样化的精神动力。今天，烹饪法已经发展为三大类型：一是火熟食法，如烧、烤法；二是介质传热成熟法，又分为水熟法（如蒸、煮、炖、汆、焖、烩、涮等法）、油熟法（如爆、炒、炸、熘、煎、烙、淋等法）、物熟法（如盐焗、沙炒、泥裹等法）；三是化学反应制作熟食法（如泡、渍、醉、酢、酱、糟、腌等法）。一种具体的烹饪法又有多种手法，如炒法，即有生炒、熟炒、生熟炒、炮炒、爆炒、小炒、少炒、烹炒、酱炒、葱炒、水炒、汤炒、干炒、单炒、拌炒、杂炒等十余种。烹饪法的创新和多样化，是创制丰富多彩的美味佳肴的基本因素，其中大有学问，需要厨师在实践中学习和积累经验，从而成为烹饪方面的行家高手。

《莲藕》　　　　　　《茄子》　　　　　《芋头》

（明）八大山人画作

第四讲

饮食之技：巧手细作

杜甫有诗云："鲜鲫银丝脍，香芹碧涧羹。"这首《陪郑广文游何将军山林十首·其二》赞美了厨师高超的技艺——鲜鲫鱼切片搭配笋丝炖汤，碧水涧采摘的鲜嫩香芹作羹，品尝起来别有一番美味。珍馐美味，源于厨师的功夫和智慧。孙中山说，"是烹调者，亦美术之一道也"，把厨师的技艺上升到了艺术的层面。袁枚在"先天须知"中说："大抵一席佳肴，司厨之功居其六，买办之功居其四。"这充分说明了烹饪技巧在美味的制作中的重要作用。

《红楼梦》是描写美食最多的名著，在红楼美食体系中，主食是食品王国的君主；菜肴是食品王国的臣子；点心介于主食、菜肴之间，是食品王国的皇亲贵戚；果品是食品王国的清流名士；滋补品是食品王国的娇客贵宾；调味品是食品王国的修饰匠。红楼食品，其风格是精工细作，一般不以用料险怪出奇，而以加工精细见长。这一点，宝玉爱吃的"莲叶羹"可作"细"的代表。莲叶羹是红楼菜中第一等的珍品，它的用料，却只是面粉、荷叶、鸡汤这些最常见的东西，并不见海参、鹿筋、熊掌之类珍贵之物。至于它制作的精巧，仅那四副银模子就可令人叹为观止了。所以，红楼菜肴是名厨师们高超技艺的智慧凝结而成的艺术品。

（清）孙温《红楼梦·贾府贾母八旬大庆》

关于饮食烹调技术，袁枚《随园食单》中主要涉及三个方面，即洗刷、刀工、火候。

一、洗刷之法

菜肴进入制作阶段，第一道工序是洗刷。《随园食单》在"洗刷须知"中说："洗刷之法，燕窝去毛，海参去泥，鱼翅去沙，鹿筋去臊。肉有筋瓣，剔之则酥；鸭有肾臊，削之则净；鱼有胆破，而全盘皆苦；鳗涎存，而满碗多腥；韭删叶而白存，菜弃边而心出。《内则》曰：'鱼去乙，鳖去丑。'此之谓也。谚云：'若要鱼好吃，洗得白筋出。'亦此之谓也。"做菜要有高品质的食材，也要懂得加工的办法，洗刷是烹饪的第一道工序。是否对原材料进行适当的加工，直接影响到菜肴的味道。袁枚在这里强调了洗刷要注意如下几个方面：

一是必须去除食物原材料所附着的杂质，以保持食物的清洁度和纯洁度。袁枚说，食物原材料的洗刷要讲究方法，燕窝要清除残存的毛絮，海参要冲洗附着的泥土，鱼翅要刷去沾留的沙子，等等。

二是要去除食材本身所具有的异味。鹿筋要去除臊味；鸭肾臊味浓厚，必须削除有臊味的白根；烹调鱼品，鱼胆一破，全盘皆苦；鳗鱼的黏液不洗干净，满碗皆腥。袁枚在"特牲单"中介绍了洗刷猪肚、猪肺的方法。猪肚的清洗，要先洗去猪肚污秽黏液，再放入锅水煮至白脐结皮，再放至冷水中，用刀刮去白脐上的秽物。外部洗净后，用醋和食盐擦搓肚壁，去除异味，以清水冲洗至无滑腻感时即可。"猪肺二法"："洗肺最难，以冽尽肺管血水，剔去包衣为第一着。敲之仆之，挂之倒之，抽管割膜，工夫最细。"意思是说，猪肺最难洗干净，首先要清洗肺管中的血水，剔去包衣。敲打倒挂，抽管割膜，功夫最为细腻。现代生活中，一般把肺管套在水龙头上，灌水以扩张猪肺大小血管，再把水倒出来，反复多次，直至肺叶变白。

三是要用切除法，切除食材不能吃的部分。韭菜去掉叶子只留茎，白菜去掉边缘只留菜心。《礼记·内则》也说："不食雏鳖，狼去肠，狗去肾，狸去正脊，兔去尻，狐去首，豚去脑，鱼去乙，鳖去丑。"即不吃幼小的鳖、狼肠、狗肾、狸脊柱、兔臀、狐头、猪脑、鱼颊骨、鳖的肛门。今天，我们也往往把鸡屁股弃之不食。

二、刀工之巧

讲究刀法的传统，也可以追溯到古老的年代。《论语·乡党》载孔子言"割不正，不食"，"食不厌精，脍不厌细"，可见，孔子对刀工的要求是很高的。

在古代文学家的笔下，有不少赞叹厨师精妙刀法的文字。《庄子·养生主》描述了解牛的庖丁，庖丁为文惠君解牛，经三年苦练，达到"目无全牛""游

（唐）韩滉《五牛图》

刀有余"的境地，"手之所触，肩之所倚，足之所履，膝之所踦，砉然向然，奏刀騞然，莫不中音，合于《桑林》之舞，乃中《经首》之会"。庖丁是一名技巧高超的厨师，他手所接触的，肩所依靠的，脚所踩踏的，膝所抵住的，无不哗哗作响；刀插进去，则霍霍有声，无不符合音律；观他解牛，如观《桑林》古舞；闻其刀声，如闻《经首》古乐。由此可见，动刀解牛，既是厨技，也是艺术。

描写古代刀工的优美文字，还可举出以下这些：

傅毅《七激》："涔养之鱼，脍其鲤鲂。分毫之割，纤如发芒。散如绝谷，积如委红。芳甘百品，并仰累重。异珍殊味，厥和不同。"

曹植《七启》："蝉翼之割，剖纤析微。累如叠谷，离若散雪。轻随风飞，刃不转切。"

张协《七命》："命支离，飞霜锷。红肌绮散，素肤雪落。娄子之豪不能厕其细，秋蝉之翼不足拟其薄。"

厨师为了悦目，还采用雕刻彩染的手法，创制具有观赏价值的工艺菜肴和点心，将艺术表现形式直接运用到饮食生活中。塑形、刻画、点染、花色拼盘等，造型艺术的手法花样翻新，餐案上的食物形态变化多姿，有时会美得让食客不忍动筷子，生怕损毁了

宋元海丝宴

[以（宋）林洪《山家清供》为蓝本制作]

作为食物的艺术品，下筷子之前，总是拿出手机拍摄，发到朋友圈分享。

刀功，是指厨师对原料进行刀法处理，使之成为烹调所需要的形态，以适应火候，均匀受热，便于食物的加热和入味，又有利于创造菜肴的形态美，因而是烹调技术的关键之一。我国早在古代就重视刀法的运用，经过历代厨师的反复实践，创造了丰富的刀法，如直刀法、片刀法、斜刀法、剁刀法和雕刻刀法等，把原料加工成片、条、丝、块、丁、粒、茸、泥等多种形态和丸、球、花等多样花色，还可镂空成美丽的图案花纹，雕刻成"福""禄""喜""寿""财"等字样，增添喜庆筵席的欢乐气氛。特别是刀技和拼摆手法相结合，把熟料和可食生料拼成艺术性强、形象逼真的鸟、兽、虫、鱼、花、草等花式拼盘，如"龙凤呈祥""孔雀开屏""荷花仙鹤""花篮双凤"等。例如有一道"孔雀开屏"，是用鸭肉、火腿、猪舌、蟹蚶肉、黄瓜等十五种原料，经过二十二道精细刀技和拼摆工序完成。不仅文人雅士将精湛的刀工当作完美的艺术欣赏，普通百姓也往往是一睹为快。古代有人专门组织过刀工表演，令人大开眼界，引起了轰动。南宋曾三异的《同话录》说，有一年泰山举办绝活表演，"天下之精艺毕集"，自然也包括精于厨艺者。"有一庖人，令一人裸背俯伏于地，以其背为几，取肉一斤许，运刀细缕之。撤肉而试，其背无丝毫之伤。"以人背为砧板，缕切肉丝而背不伤破，这一技艺不能不令人称绝。

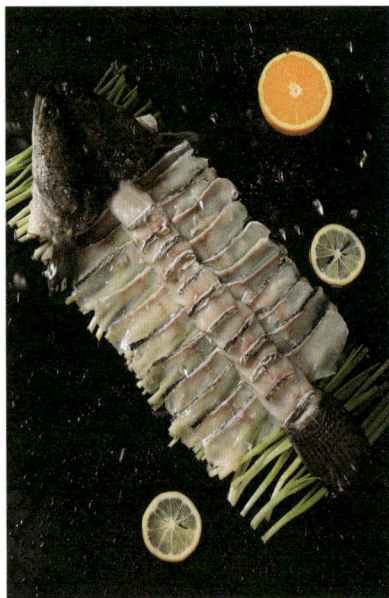

鱼片

《随园食单》在"洁净须知"中说："'工欲善其事，必先利其器。'良厨先多磨刀，多换布，多刮板，多洗手，然后治菜。"意思是说，工匠要做好自己的工作，必须首先准备好自己的工具。一个优秀的厨师，应多磨刀，勤换布，多刮砧板，勤洗手，然后再烹调菜肴。

三、火候之妙

　　烹调是创制美味的关键。如果说，切配只是使菜肴原料发生"形"的变化，烹调则是使菜肴原料发生"形"的变化并进而发生"质"的变化的重要环节。在烹调的过程中，加热是促进食物质变的关键，把食物加热制成熟食，把原料和调味品加以融合调和，这是使菜肴具有丰富多样的风味的过程。在烹调过程中，火候即火力大小程度，更是烹调技术的核心。《吕氏春秋·本味》提出：凡味之本，"火为之纪"。段成式《酉阳杂俎》曰："物无不堪吃，唯在火

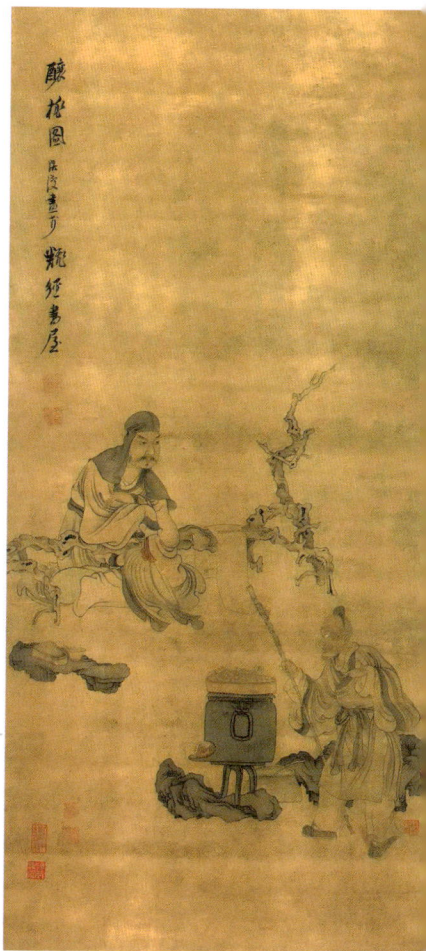

（明）陈洪绶《酿桃图》

候，善均五味。"烹饪之术本于文明而生，随文明进步而发展。中华文明源远流长，烹饪技法气象万千，百花齐放。炒、爆、炸、烹、煎、贴、烧、焖、炖、蒸、煮、烩，各种技法，重在火候，重在变通，因材施法，百菜百味，创造出人间美味，铸就灿烂饮食文化。

《随园食单》在"火候须知"中说："熟物之法，最重火候。"烹调最重要的是掌握火候。必须根据食材的特性，选择火候的大小和加热的时间长短，所谓"三分技术七分火"就是这个道理。在火候的掌握上，袁枚认为不同食材、不同烹饪方法有不同的火候要求：

一是使用武火。"有须武火者，煎炒是也；火弱则物疲矣。"有的食材须用猛火，如煎、炒等，火力不足，菜肴则疲弱失色。传统火候有旺火（适用于爆、炒一类菜肴）、温火（适用于熬、扒一类菜肴）、小火（适用于焖、炖一类菜肴）。厨师在烹调中，必须根据菜肴原料的性质、形态色彩等条件和菜肴质量要求，以及传热媒介的不同性能，控制火候，掌握变化，使菜肴原料受热后发生的质变达到预期的效果。

二是使用文火。"有须文火者，煨煮是也；火猛则物枯矣。"有的食材必须用慢火，如煨、煮等，火候太猛，食物则枯干形硬。苏东坡爱喝酒，爱吃肉，也会烹肉，他在黄州写过一首《猪肉颂》诗，谈到了自己独到的文火烹调技法：

猪肉颂

净洗铛，少著水，
柴头罨烟焰不起。
待他自熟莫催他，
火候足时他自美。
黄州好猪肉，
价贱如泥土。
贵者不肯吃，
贫者不解煮，
早晨起来打两碗，
饱得自家君莫管。

苏东坡被贬黄州以后，仍然保持豁达的心态，随遇而安，既来之则安之，日子总得照样过，潜心

东坡肉

研究菜品，发明了不少美食，一不小心还成了美食专家。"东坡肉"的做法，是把锅刷洗干净，放进一些水，然后生火，一定要用小火，不要心急，只需耐心等待，火候够了自然就能品尝它的美味了。由此可见，小火慢熬，既是烹调之法，也是一种生活态度。

三是文武火结合。"有先用武火而后用文火者，收汤之物是也；性急则皮焦而里不熟矣。有愈煮愈嫩者，腰子、鸡蛋之类是也。有略煮即不嫩者，鲜鱼、蚶蛤之类是也。"有的菜肴需保留汤汁，先用猛火然后再用慢火；性急就会使外皮焦而里面未熟。有些菜肴越煮越嫩，如腰子、鸡蛋一类的食物。有些食物稍煮肉质即变老，如鲜鱼、蚶蛤之类。所以，清蒸海鲜、河鲜时，火候控制至关重要，过火会使肉"变柴"。

四是掌握好用火的时间。"肉起迟则红色变黑，鱼起迟则活肉变死。""鱼临食时，色白如玉，凝而不散者，活肉也；色白如粉，不相胶粘者，死肉也。"烹煮肉类，起锅迟了，肉色就会由红

（清）倪耘《鲈鱼新笋图》

变黑；烹煮鱼类，起锅迟了，鱼肉就会由鲜肉变成死肉。鱼肴上桌时，色白如玉，凝而不散，保持鲜色美味；若鱼肉色白如粉，肉质松散，则似死鱼。

　　烹调技法，是我国厨师的又一门绝技。常用的技法有：炒、爆、炸、烹、溜、煎、贴、烩、扒、烧、炖、焖、煮、酱、卤、蒸、烤、拌、炮、熏，以及甜菜的拔丝、蜜汁、挂霜等。不同技法具有不同的风味特色，这些都要依据每个人的口味和食材的营养价值而定。

松鼠鱼

低温慢火煮和煎炸相结合的烹饪方式也是常用的烹饪技法。比如烹饪牛肉，如果用正常高温煮的方式，牛肉很容易变老，可以采用低温慢煮的方式，用50℃左右的水煮上两三个小时，它的肉还是保持鲜嫩状态的。然后拿出来用猛火煎，这样做出来的牛肉外焦里嫩，肉汁充盈。还有中国江浙名菜松鼠鱼，这道菜的做法也是先把鱼放在五六十摄氏度的水里低温慢煮，然后裹上薄薄的一层粉，再用低温的油浸炸。

总之，使用不同烹饪技法，烹制出来的食物口感迥异。如何做到健康与美味兼具，也是需要不断摸索的。

第五讲

饮食之艺：形名韵趣

饮食从好吃到好看，必须经过一番艺术的创造，而使菜肴色、香、味、形、名、韵俱美，把吃上升为一种高层次的艺术活动。这种艺术活动包括了味觉的、视觉的、触觉的、心觉的，既有属于生理方面的，也有属于心理方面的；既有享受，也有宣泄。由此可见，饮食需求具有更高的层次，已完全超出生理需求的范围。艺术的饮食活动，会不知不觉将人的心理引导到一种高雅的精神境界。饮食烹调不仅仅是为了满足口腹之欲，更重要的是为了追求具有高尚情趣的艺术享受。袁枚在《随园食单》中，不仅将饮食当作满足人的口腹之欲的技艺，而且把饮食当作一门学问来进行研究，他说："学问之道，先知而后行，饮食亦然。"这就把吃上升到"道"的层次，也即世界观和方法论的层次、审美鉴赏的层次。

　　袁枚在《随园食单》中阐述了人对色香的感知而

引发的艺术联想，他在"色臭须知"中说到人们通过对目、口的生理感知引起情感的愉悦："或净若秋云，或艳如琥珀，其芬芳之气，亦扑鼻而来，不必齿决之，舌尝之，而后知其妙也。"袁枚认为五官是有通感的、相互联系的。眼睛和鼻子，既是嘴巴的近邻，也是嘴巴的媒介。佳肴放在眼睛和鼻子之前，颜色、气味的感受或有不同。有的净如秋云，有的艳如琥珀，其芬芳气味扑鼻而来，不需齿嚼，不需舌尝，便可知佳肴美妙。袁枚在这里讲到对饮食鉴赏的要求是很高的，强调饮食要调动口、鼻、目、耳、心各种感官，去感知、体味、品赏，从而获得高雅的艺术享受。在这一讲里，我们将从饮食的色、形、名、韵、趣的角度，欣赏饮食的艺术之美。

一、以色形悦目

色彩是美感的来源，是饮食烹调中必不可少的要素。美食的色彩作用于人的视觉，可以产生或宁静舒畅，或紧张兴奋的心理效应，引发人的食欲和美感。人们对美食的鉴赏，始于颜色，感于味道，悦于名韵。

"色"是指菜肴有爽神润泽的颜色，既指原料自然美质的本色，也指各种不同原料相互搭配的组合色彩。色美，不仅可以看出原料的品质，还可以看出多种原料色泽之间交相辉映产生的和谐之美。一道菜肴上桌之时，映入眼帘的是色泽，假如一碟青菜又黄又老，食欲必会骤然丧失。色、香是饮食中两个最基本的感观指标和直观判断。

（清）任伯年《菠萝菊蟹页》

食物本来具有的色与形，在人的眼中就已有一定的艺术色彩，经烹调之后，不仅成为一款款精美的佳肴，也可能算得上是一件件绝妙的艺术品。菜肴悦目的结果，一是增进了食欲，二是陶冶了性情，和神、娱胃两不误。

科学实验证明，食料的色彩会直接影响到人们味觉的灵敏度，对食欲起到激发或抑制的作用。

人的味觉对餐桌上的各种颜色有不同的感知，如：

白色：给人洁净、软嫩、清淡的感觉。如萝卜、糟熘三白等。

红色：给人印象强烈，有浓厚的香味和酸甜的快感。如茄汁鱼、香肠等。

黄色：给人清香、鲜美、酥脆、干香的感觉。如干炸虾段、红烧豆腐等。

绿色：给人明媚、鲜活、新鲜、清淡的感觉。如蔬菜等。

茶色：给人浓郁、芳香的感觉。如烤鸭、烤乳猪、干烧鲤鱼等。

黑色：给人苦硬的感觉。如五香牛肉干等。

蓝色：给人不香的感觉，天然食物几乎无蓝色。

中国菜肴注重色彩效果，讲究色彩搭配，一盘色形俱佳的菜肴就像一幅好的美术作品，具有很强的感染力，有内在的欣赏价值。有学者主张佳肴应达到"先色夺人"的要求，使人未动口舌之前就先有一种冲动，有先尝为快的欲望。那么，如何造就菜肴的美色呢？袁枚在《随园食单》中讲了如下几个办法：

第一，保持本色。自然界美妙无穷，许多东西天生丽质，形美质爽，给人带来自然的美感，食物也不例外。许多蔬菜，甚至许多肉类，都具有一种令人愉悦的色泽，愈是新鲜幼嫩，愈是令人觉得可爱。袁枚在"火候须知"中，对蒸鱼提出了色、鲜、嫩的要求，"鱼临食时，色白如玉，凝而不散者，活肉也；

(明)沈周《水墨花果写生册》(局部)

色白如粉，不相胶粘者，死肉也"。好的色泽，可以增进人的食欲，同时也给人带来愉悦感。袁枚重视菜肴的色香制作，主张保持原色，反对通过外加物料而改变菜肴的本色。袁枚还论述了保持本色的办法，即勾芡。他在"用纤须知"中，讲了炒肉、炒菜"用纤"要恰到好处，以保持肉的鲜嫩和菜的青绿。这里的"用纤"，是中国烹调的一种常见技法，亦即"打芡""勾芡"。勾芡是烹调中的一个重要技巧，对于保持菜肴的色、香、味、形有着重要的作用。适当的勾芡可以保持菜肴中的水分和鲜味。

第二，用火调色。菜肴的色泽与火候的运用有很大的关系，利用火候可以改变原料的色泽。袁枚《随园食单》在"红煨肉三法"中，要求色红如琥珀："或用甜酱，或用秋油，或竟不用秋油、甜酱。每肉一斤，用盐三钱，纯酒煨之；亦有用水者，但须熬干水气。三种治法皆红如琥珀，不可加糖炒色。早起锅则黄，当可则红，过迟则红色变紫，而精肉转硬。常起锅盖，则油走而味都在油中矣。大抵割肉虽方，以烂到不见锋棱，上口而精肉俱化为妙。全以火候为主。谚云：'紧火粥，慢火肉。'至哉言乎！"红煨肉的颜色，关键

彩椒洋葱炒牛肉

在于控制好火候，用慢火使之变色如琥珀。

第三，用组合配色。在同一道菜中，将不同颜色的食物组合起来，彼此衬托，形成和谐的色调。如青椒和洋葱切丝合炒，绿白相配，有翡翠白玉般的感觉，好看极了，可称作"翠玉丝"。林洪在《山家清供》中提到："山药与栗，各片截，以羊汁加料煮，名'金玉羹'。"山药白如玉，栗子黄似金，金玉共盘，色调素雅，却又透出一种高贵的气质。又如粤菜八宝炒牛奶加辣椒花的"椒乳透花香"，炒响螺加西兰花的"花映罗兰艳"等，都是通过食物组合而成为色彩缤纷的菜式。

由此可见，中国现代烹饪强调色彩之美，有着根基深厚的传统，不能以为是仅受现代审美观念影响的结果。

菜品的悦目，除了色彩以外，还有它的形状。

"形"是指体现美食效果、服务于食用的目的、富于艺术性和美感的造型。中国古代饮食审美思想中对于菜肴形美的理解和追求，是在原料美的基础上，充分体现质感美的自然形态美与意境美的结合。号称"天下第一家"的曲阜衍圣公府出品的"神仙鸭子""凤凰同巢"等均可为其代表。中国古人对菜肴形的要求，首先充分体现在肴和馔上，即主食（面食为主）和菜肴的形制上；其次，形制的讲究又侧重在热菜，着眼点在于通过巧妙的烹调技艺再现原料的自然形态和天然美质，以达到一种特定意境和观赏美感。

二、以命名寓意

在中国人的餐桌上，没有无名的菜肴。一桌筵席，往往也冠以特定的名称，它会牢牢印在食客的脑海里。一个雅名，可以是一个绝句妙语，令人反复品味；一个巧名，可以是一个生动传说，让人拍案叫绝；一个趣名，可能是一个历史典故，使人回味无穷；即使是一个俗名，也能成为谐趣笑谈。充满情趣的中国文化的博大精深，在菜肴的命名上也充分体现出来。

（明）沈周《花下睡鹅图》

一个寓意吉祥如意、联想美好的命名，是把饮食引入审美联想的手段，是菜品生动的广告。一个好的菜肴名称，不仅与菜式的造型浑然一体，而且与食客的心理需求相吻合，达到增添节庆喜宴的氛围、激发审美情趣的目的。

中国菜肴的命名，贵在一个"雅"字，表现在美雅、高雅、文雅、质朴之雅、意趣之雅、奇巧之雅、谐谑之雅，其命名的方式主要有如下几个方面：

一是以寓意、抒怀的手法命名，以体现菜肴的意趣之雅。如粤菜的"及第粥""凤鸟来仪""满堂富贵""四喜脆皮鸡""连年有余"

"发财就手""百年好合"等，都体现了广东人对食物"意头"的追求，寄托着人们美好的愿望。

二是以独特的烹调技艺命名，体现奇巧之雅。烹也奇巧，名也奇巧者，首推"混蛋"。"混蛋"又名"混套"，其制法见于《随园食单》，它是将鸡蛋打孔，去黄用清，拌浓鸡汁打匀，再灌进蛋壳，蒸熟去壳，得到的是浑然一卵的极鲜美味。现在一些地区还能吃到换心蛋、石榴蛋和鸳蛋等，都与"混蛋"有一脉相承的渊源。

三是以人名命名，这也是传统菜肴常用的命名方法，表现出谐谑之雅。麻婆豆腐、文思豆腐、肖美人点心、东坡肉等，就是以

麻婆豆腐

人名命名的例子，其中包含对肴馔创制者的纪念。

四是以典故和历史传说命名，如潮菜的"护国菜"。"护国菜"源于一个传说，据传在 1278 年，宋朝的末代皇帝赵昺逃难到了潮州，寄宿于一座深山古

寺中。寺庙的方丈得知来人是宋朝的皇帝，看到皇帝及随从疲惫不堪、饥寒交迫，本想用好点的饭菜招待他们，无奈连年战乱，庙里没粮无菜，方丈只好叫小和尚到寺庙的后面摘些番薯叶回来，先用开水烫过，除去苦涩味，再剁碎，放些油盐，制成一道汤羹。小皇帝饥渴交加，见这菜碧绿清香，吃得津津有味，吃完问方丈："这道菜叫什么?"方丈双手合掌回答："山野贫僧，未曾为菜命名。此菜能为陛下解除饥渴，保护龙体健康，贫僧之愿足矣。"小皇帝听后十分感动，赐名"护国菜"。现在"护国菜"的做法是将番薯叶或通心菜叶用刀剁碎，经炮制后加入上汤、火腿、干草菇等，汤色碧绿如翡翠，味道鲜嫩可口，滑而不腻，观之令人悦目，食之清香可口。此外，还有"佛跳墙"等名字也来源于传闻。

佛跳墙

五是以景命名，如"韩词门香""北阁明盏""独山鹧鸪"等。

六是以曲艺、诗文成语命名。如柳浪闻莺、掌上明珠、推纱望月、阳关三叠、二泉映月、双飞蝴蝶等，充满诗情画意，妙合菜谱，给人以怡情养性、心旷神怡的美好感受。

中国地大物博，所以菜肴的命名还表现出明显的地域特征：中原有雄壮之美，北方有粗犷之美，江南有优雅之美，西南有质朴之美，华南有精巧之美，充分体现中国传统美学风格。

三、以妙喻寄怀

中国饮食的每一道菜品都具有象征意义，寄托了人们美好的祝愿和期望。人们或以食物形状，或以食物名字的谐音，取其吉祥、美好的意思、意趣、意境。如用鸡象征圆满和繁衍，用鱼象征年年有余，用鸡爪和龙虾象征龙凤呈祥，用长面条象征长寿，用月饼象征团圆和睦，用橘子象征吉祥。潮汕地区"成人仪式"的"出花园"，要吃七样菜，即让孩子象征性地咬一下鸡头，叫作"独占鳌头，出人头地"；"蒸乌鱼"，比喻能掌握谋生的技能；吃猪肝和粉肠是希望他们"换肠换肚"；吃猪心，是希望他们有心，恪守孝道，对亲人朋友有情有义；吃"葱"，取"聪"之谐音，冀望他们聪明；而"芹菜"与"勤"谐音，希望孩子能够勤奋向上，不辜负父母与家族长辈的期望。

四、以游戏助兴

（明）沈周《郭索图轴》

饮食活动，特别是宴席，是在生理享受的同时要求精神享受，最终达到二者融合的人生享乐的境界。为此，在宴饮的过程中往往伴随着各种丰富多彩的唱吟、歌舞、丝竹、雅谈、妙谑、游戏等活动，从而使宴饮过程成了立体和综合的文化活动。而最有趣、最常见的是吟诗助兴和游戏活动。

会饮吟诗，是宴饮常见的高雅娱乐活动。小说《红楼梦》屡屡提及贾府举行的这类活动，应当是现实生活的写照。第三十八回写贾府秋日赏桂花、吃螃蟹，参与者虽为钗裙之辈，但可以肯定她们学的是士大夫们的样子，吃喝玩赏之外，也要作诗。吃蟹肉要蘸姜醋、饮黄酒，林黛玉饮的是合欢花浸的烧酒，与众不同。席间，众人作菊花诗比高低，宝玉则吟成《螃蟹咏》，当即提笔挥出：

持螯更喜桂阴凉，泼醋擂姜兴欲狂。
饕餮王孙应有酒，横行公子却无肠。
脐间积冷馋忘忌，指上沾腥洗尚香。
原为世人美口腹，坡仙曾笑一生忙。

黛玉瞧不上宝玉的诗，当即也写成一首。薛宝钗亦不甘示弱，才写出几句，众人不禁叫绝，诗云：

桂露桐阴坐举觞，长安涎口盼重阳。
眼前道路无经纬，皮里春秋空黑黄。
酒未敌腥还用菊，性防积冷定须姜。
于今落釜成何益，月浦空余禾黍香。

（清）孙温《红楼梦·藕香榭饮宴吃螃蟹》

这些诗句是作者曹雪芹借书中人物之口为"食螃蟹绝唱"，将吃螃蟹的诀窍都清楚地道了出来，可谓匠心独运。

除此以外，击鼓传花、行酒令也是常见的饮食娱乐活动。

第六讲

饮食之德：饮和食德

中国饮食并非只是填饱肚子那么简单，请客吃饭也是中国人生活的一部分。我们生活在一个"人情社会"里，赴一个饭局，为什么吃，吃什么，如何吃，大有学问。每一个饭局，实际上是一次人与人之间的情感交流，是一种别开生面的社交活动，一边吃饭，一边聊天，可以做生意、交流信息、增进友谊等。朋友聚会，送往迎来，人们习惯于在饭桌上表达惜别或欢迎的心情；感情上的风波，人们也往往借酒菜平息。这些饮食活动，发挥着调和、怡情的功能。中华饮食之所以具有"怡情"功能，是因为在"饮和食德、万邦同乐"的哲学思想指引下，衍生出具有民族特点的饮食方式。

　　在中国传统的宴席上，大家围桌而坐，呈现一种亲切、和谐、共趣的气氛。美味佳肴置于中心，人们相互敬酒让菜，友爱亲热，热闹非凡，既表达了大团圆的心态，也密切了人际关系。

（宋）赵佶《文会图》（局部）

中华饮食之所以具有怡情的功能，是由"饮和食德、万邦同乐"的哲学思想和"和合"意识所决定的，为此，饮食活动上升为一种情感文化，成为礼仪文化和修心养性的活动。

饮食之德集中体现为"饮和食德"，"饮和"语出《庄子·则阳》，"故或不言而饮人以和"；"食德"语出《周易·讼》卦，"六三：食旧德"。"和"是饮食文化的本质和核心，菜肴的味道，应当在总体上协调平衡，各尽其美。在讲究菜肴味觉多元性的同时，总体感觉适中、协调、自然。

"饮和食德"是中国民主革命的先行者孙中山先生大力提倡的，他在《建国方略》一书中提出："烹调之术本于文明而生，非深孕乎文明之种族，则辨味不精；辨味不精，则烹调之术不妙。中国烹调之妙，亦足表明文明进化之深也。"他把品味水平的高低作为文明进化的标尺。他还充分肯定了中国饮食文明的进步意义："我中国近代文明进化，事事皆落人之后，惟饮食一道之进步，至今尚为文明各国所不及。"然后劝导国人牢记传统，嘱咐大家："吾人当保守之而勿失，以为世界人类之师导可也。"后来，他又从医学和哲学的审视角度，阐述了中国人饮茶怎样影响整个伊斯兰文化，以至全世界文明国家，中国以"和"为中心的烹饪美学和修身标准，又怎样可以实现社会上的人伦文理，他认为饮食反映了一个社会的道德水平和文明程度。

袁枚在《随园食单》中，虽然没有专题论述饮食之德，但他讲了饮食要有序、注重礼仪、讲求文明，所有这些都是饮食之德的要求，这就把饮食之道从生理的层次、艺术的层次，提升到道德和人文的层次，特别是他在"戒单"中批评的一些不文雅的现象、要摒弃的陋习，今天仍然具有现实意义。

一、注重饮食之礼，是"饮和食德"的第一要求

礼指一种秩序和规范，饮食之礼，是指饮食活动的礼仪性。座席的方向、箸匙的排列、上菜的次序等细节都体现着"礼"文化。饮食之"礼"，并不是表面的礼仪形式，而是充分体现了对他人的尊重和礼敬、对自然的敬畏，这种"礼"的伦理精神，贯穿在饮食活动过程中，从而构成了中国饮食文明的逻辑起点。

（宋）赵佶《文会图》（局部）

礼仪初始于饮食活动。《礼记·礼运》中说："夫礼之初，始诸饮食。"意思是，礼仪产生于饮食活动。饮食之礼是一切礼仪的基础。饮食礼仪虽然不是文明社会所独有的现象，但它产生于饮食活动。中国比较系统地形成饮食礼仪规范是在周代。周代的饮食礼俗，完整地保存在《周礼》《仪礼》和《礼记》的篇章中，这些礼俗包括客食之礼、待客之礼、侍食之礼、丧食之礼、进食之礼、宴饮之礼等，从中可见周代饮食礼俗之大端。

在《诗经》中也有许多关于周代宴饮礼俗的描写，而最经典的则要数《小雅·宾之初筵》。诗中写道：

宾之初筵，左右秩秩。

笾豆有楚，殽核维旅。

酒既和旨，饮酒孔偕。

钟鼓既设，举酬逸逸。

大侯既抗，弓矢斯张。

射夫既同，献尔发功。

发彼有的，以祈尔爵。

诗的意思是：宾客就席，揖拜有礼。笾豆成行，菜馔丰盛。酒醇且甘，饮而舒心。悬钟按鼓，献酬不停。箭靶张立，弓已满弦。对手赛射，比试高低，中靶为胜，败者罚饮。这首诗描写了周代射礼中宴饮的盛况，有许多礼仪的细节，读来引人入胜。

　　礼仪之于饮食，在周代贵族们看来，那是比性命还要重要的事。《礼记·礼运》说："故礼之于人也，犹酒之有蘖也。"意为礼对于人来说，就像酿酒要有曲一样。《诗经·鄘风·相鼠》更强调："相鼠有体，人而无礼。人而无礼，胡不遄死！"意思是说，老鼠还有身体，人类怎能无礼？做人如不知礼义，还不如快快死去。

　　注重饮食礼仪是孔孟食道的重要准则。孔子、孟子在饮食方面都追求以淡泊简素、励志标操为准则，以此达到养生并提高人生品位的目标。

　　孔子的饮食思想和原则，集中地体现在《论语·乡党》篇中。他说："食不厌精，脍不厌细。食饐而餲，鱼馁而肉败，不食。色恶，不食。臭恶，不食。失饪，不食。不时，不食。割不正，不食。不得其酱，不食。肉虽多，不使胜食气。唯酒无量，不及乱。沽

（清）郎世宁等《万树园赐宴图轴》

酒市脯，不食。不撤姜食，不多食。祭于公，不宿肉。
祭肉不出三日。出三日，不食之矣。"这段话的意思是
说，食物要做得精致，烹饪要细巧。食物变味，鱼与
肉腐烂了，都不吃。食物的颜色变了，不吃。味道难
闻的，不吃。烹调不当的，不吃。不时鲜的菜，不吃。
肉切得不方正，不吃。佐料放得不适当的，不吃。席
上的肉虽多，但吃的量不超过米面的量。只有酒没有
量的限制，但不能喝醉。市场上买来的酒与肉干，不
吃。姜每餐必须有，但不多吃。参与祭祀的典礼之后，
带回来的祭肉不留到第二天。自家祭肉保存不超过三

天，超过三天的，就不吃了。这段文字集中体现了孔子追求饮食加工、烹制恰到好处，具有适口性，以及依时节饮食、讲究饮食的卫生与营养、恪守祭礼食规、食不过饱的饮食准则。

孟子在传承孔子饮食理念的基础上，系统建立了以"食志—食功—食德"为核心的食道理论。他主张"非其道，则一箪食不可受于人；如其道，则舜受尧之天下，不以为泰"的"食志"原则，以自己的劳动来换取食物的基本人生准则；同时，又进一步提出"梓匠轮舆，其志将以求食也；君子之为道也，其志亦将以求食与"的"食功"理念，并且在这两者基础上提出了吃清白之食与遵循礼仪进食的"食德"。

《随园食单》对饮食之礼虽然没有集中的论述，但也有具体的要求，概括起来主要有如下几个方面：

其一，提前预约。"迟速须知"中说："凡人请客，相约于三日之前，自有工夫平章百味。"这是说，凡人请客，往往在三天前就约好，自然有时间考虑准备各式各样的菜肴。提前预约一方面体现了对客人的尊重，表示其诚意；另一方面，有利于提前做好各种菜式的准备。

其二，讲究洁净。"洁净须知"中说："良厨先多磨刀，多换布，多刮板，多洗手，然后治菜。至于口吸之烟灰，头上之汗汁，灶上之蝇蚁，锅上之烟煤，一玷入菜中，虽绝好烹庖，如西子蒙不洁，人皆掩鼻而过矣。"厨师在制作菜肴中注重卫生习惯和保持厨房加工环境的整洁，是饮食之德的要求之一。袁枚在这里说，一个优秀的厨师，应多磨刀，勤换抹布，多刮砧板，勤洗手，然后再烹调菜肴。至于吸烟的烟灰、头上的汗水、灶上的苍蝇蚂蚁、锅上的烟煤，一旦玷污了菜肴，即使是经过精心制作的佳肴，也如同西施沾上污秽，人人都会掩鼻而过。食物和厨房的洁净，是食品安全的重要保证，厨师要讲卫生，厨房要洁净，食材要

各种海鲜

洗刷干净，这是饮食之德的基本要求。

其三，有序上菜。"上菜须知"中说："上菜之法：盐者宜先，淡者宜后；浓者宜先，薄者宜后；无汤者宜先，有汤者宜后。且天下原有五味，不可以咸之一味概之。度客食饱，则脾困矣，须用辛辣以振动之；虑客酒多，则胃疲矣，须用酸甘以提醒之。"袁枚认为上菜的顺序应当是咸淡、浓薄、干汤，应根据人的食欲调整菜肴的味型。因为人的味觉容易产生审美疲劳，不宜独味。他说，天下之菜肴原有五味，不能单以一个咸味概括。估计客人吃饱了，脾脏累困，需要辛辣之味以刺激食欲；考虑到客人酒喝多了，肠胃疲惫，则用酸甜之味以提神醒酒。

《礼记》对饮食之礼有具体的规范，《曲礼上·第一》："主人亲馈，则拜而食；主人不亲馈，则不拜而食。共食不饱，共饭不泽手。毋抟饭，毋放饭，毋流歠，毋咤食，毋啮骨，毋反鱼肉，毋投与狗骨。毋固获，毋扬饭。饭黍毋以箸。毋嚃羹，毋絮羹，毋刺齿，毋歠醢。客絮羹，主人辞不能亨。客歠醢，主人辞以窭。濡肉齿决，干肉不齿决。毋嘬炙。"意思是说，陪侍长辈吃饭，主人亲自送食布菜，就拜谢之后再吃；主人不亲自送食布菜，就不拜谢，自己取食。和人一起吃饭，不要吃得太饱；和客人一起用饭，不要揉手，不要搓饭团，不要把手里的饭再放回盛饭的器皿，喝汤不要发出声音，不要吃得满嘴带响，不要咀嚼骨头，不要把拿起的鱼肉又放回食器中，不要把骨头扔给狗吃，不要专取吃一种食材，不要为使饭快点凉而簸扬饭。吃黄米饭不要用筷子，喝羹汤不要不加咀嚼连菜吞下，不要自己往羹汤中加佐料，不要在饭桌上剔牙，不要像喝羹汤那样喝酱汁。客人调和茶羹，主人要致歉说自家不会烹调。客人喝酱汁，主人要致歉说家境贫困，招待不周。煮烂的肉可以用牙咬断，干肉不要用牙咬断，而要用手撕开吃。不要拿起整块烤肉狼吞虎咽地吃。这些规范总的来说就是要举止文雅、礼貌、适度。

《随园食单》没有系统地论述饮食的礼仪，不过我们在人际交往中，也逐步形成了具体的礼仪规范，比如吃饭要扶碗，筷子不能插在碗中央，不夹过桥菜，晚辈要等长辈动筷才动筷，吃饭时不要发出大的声响，不能用筷子敲碗，不要用筷子乱动食物等。这些不雅的举止是要避免的。

夜宴宾客

二、"饮和食德"要力求美食与美器相衬的和谐美

美食配美器，有如红花需要绿叶衬托一样。唐代诗人王翰《凉州词》中写"醉卧沙场"的英雄将士所饮的"葡萄美酒"，是用"夜光杯"来盛的。这说明了美食需有美器来相配。

饮食工具不仅包括常人所理解的肴馔盛器、茶酒饮器、箸匙等器具，而且包括专用的餐桌椅等，"美食还宜美器配"，饮食器具不仅早已成为古人品鉴美食的重要标准之一，甚至发展成为独立的工艺品，有独特的鉴赏标准。

袁枚在《随园食单》"器具须知"中引用过一句古语，云："美食不如美器。"这句话表达的意思并不是器美胜于食美，也不是提倡单纯的华美的器具，而是说食美，还要器美，美食要配美器，追求美上加美的效果。中国饮食器具之美，美在质，美在形，美在装饰，美在与馔品的谐和。

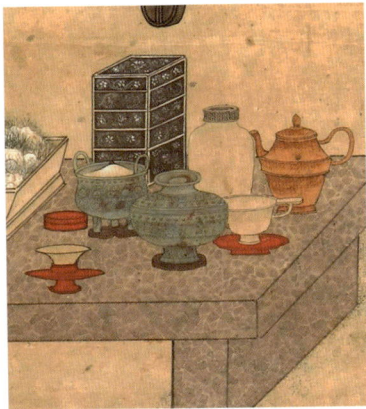

（明）丁云鹏《煮茶图》

（局部）

袁枚在《随园食单》中强调美食与美器的和谐统一，要做到食器自身的精美和与食物的协调。

袁枚认为饮食的器具应当选择瓷器，不一定要很昂贵，只要精致清丽即可。他在"器具须知"中说：

136

"宣、成、嘉、万，窑器太贵，颇愁损伤，不如竟用御窑，已觉雅丽。"意思是说，明代宣德、成化、嘉靖、万历年间所生产的瓷器极为昂贵，人们担心损坏，倒不如全用清代御窑所生产的器皿，这些瓷器也十分精致清丽。

中国古代饮食器具琳琅满目，丰富多样，如彩陶的粗犷之美、瓷器的清雅之美、铜器的庄重之美、漆器的秀逸之美、金银器的辉煌之美、玻璃器的亮丽之美，不但与食物相映生辉，而且给人以美的享受，让人们在享用美食之余又得到美的艺术熏陶。

古代青铜器鼎壶罐

清代《百本张抄本子弟书》引北平俗曲《梨园馆》，对美食美器有一段生动的描写：

忽听得一声"摆酒"，答应"是"，按款式许多层续有规矩。先摆下水磨银厢轻苗的牙筷，酒杯儿是明世官窑的御制诗，布碟儿是五彩成窑层层见喜，地章儿清楚花样儿重叠，刀裁斧齐而且是刀刃子一般薄若纸，仿佛是一拿就破不结实。又只见罗碟杯碗纷纷至，全都是宋代的花纹"童子斗鸡"，足儿下面镌着字，原来是经过名人细品题。察着当儿许多冰碗，照的那时新果品似琉璃。

这里描写的筷子、酒杯、碟子、碗等，都是美轮美奂的。

《红楼梦》中的贾府是功名显贵、赫赫百载的世家大族，是一个"钟鸣鼎食"之家，其中的食具、茶具、酒具、桌具等都是宝贵华丽、琳琅满目的。

现代最普遍的食器是瓷器，瓷器耐高温，光洁度好，有很高的使用价值和欣赏价值。瓷器的制作与使用已风靡全球，中国是它的诞生地。古代中国人的智巧勤劳，为全人类造就了如此合宜的食器，这是中国饮食史上的光彩篇章。

食器的色彩、规格要与菜肴和合，令美食美器珠联璧合。"器具须知"："惟是宜碗者碗，宜盘者盘，宜大者大，宜小者小，参错其间，方觉生色。若板板于十碗八盘之说，便嫌笨俗。"这是说，该用碗时就用碗，该用盘时就用盘，该用大器时就用大器，该用小器时就用小器。各式食器参差陈设席上，令美食更为生色。如果呆板地一律以十大碗、八大盘的方式操办，则显得粗鄙俗套。

许多研究者注意到，美器之美不仅限于器物本身的质、形、饰，而且表现在它的组合之美、它与菜肴的匹配之美。

美器的传统，有以古朴为美，也有以新奇为美，有以珍贵为美，也有以简素为美，美的境界并不相同，不能一概而论。美器与美食的谐和，是饮食美学的最高境界。杜甫《丽人行》中"紫驼之峰出翠釜，水精之盘行素鳞。犀箸厌饫久未下，鸾刀缕切空纷纶"的诗句，同时吟咏了美食美器，烘托出食美器亦美的高雅境界。李白《行路难》中"金樽清酒斗十千，玉盘珍羞直万钱"的诗句，也将美食美器并称，食器以珍贵为美。陆游《小宴》诗中"洗君鹦鹉杯，酌我蒲萄醅"句，及《埭西小聚》诗中"瓦盎盛蚕蛹，沙罂煮麦人"句，则体现了一种简朴之美、自然之美。

三、"饮和食德"要力戒奢靡暴殄

唐代李绅《悯农》："锄禾日当午，汗滴禾下土。谁知盘中餐，粒粒皆辛苦。"清代朱柏庐《朱子治家格言》中说："一粥一饭，当思来处不易；半丝半缕，恒念物力维艰。""饮食约而精，园蔬愈珍馐。"

对待食物的态度，体现了一个人的品格和修养，也决定了一个人的命数和福气。

惜饭可养生，惜福可养命。人的福报，从饭桌上开始。每个人的碗里，都盛满此生的德行和福气。

饮食之德，突出地表现在对待食物的态度和饮食方式上，为此，袁枚专门写了"戒单"篇，对不道德、不文明、不科学的饮食方式给予批评，这是从反面去观察饮食之德、饮食之道，体现了一个人自身的道德修养，影响着社会风尚。从这个意义上看，饮食之德不只是小事、家事，也是国事。下面，对要力戒失德的饮食方式作一些介绍。

（一）力戒暴殄

食物是天地的馈赠，是劳动者千辛万苦的结果，对食物要尊重、珍惜，不能糟蹋和浪费。什么叫暴殄？袁枚在"戒暴殄"中说："暴者不恤人功，殄者不惜物力。"暴殄的行为是不体恤人力的耗费，糟蹋的行为是不珍惜物料的消耗。其实，动物和植物的每一个部分都有其独特的价值、功能和味道，要各尽其用，不能随便丢弃。袁枚说："鸡、鱼、鹅、鸭，自首至尾，俱有味存，不必少取多弃也。"意思是说，鸡、鱼、鹅、鸭，从头到尾，都自有其味，不应取用少而丢弃多。确实，

（明）吕纪《狮头鹅图》

每个部位的骨和肉，口感和味道各有不同，要充分地利用。袁枚列举了暴殄的行为：

一是弃宝吃贱。"尝见烹甲鱼者，专取其裙而不知味在肉中；蒸鲥鱼者，专取其肚而不知鲜在背上。至贱莫如腌蛋，其佳处虽在黄不在白，然全去其白而专取其黄，则食者亦觉索然矣。且予为此言，并非俗人惜福之谓，假设暴殄而有益于饮食，犹之可也。暴殄而反累于饮食，又何苦为之？"意思是说：我曾见有人烹制甲鱼，专门取用裙边，而不知真味在于甲鱼肉中；也有人品尝蒸鲥鱼，专吃鱼腹而不知其鲜在鱼背。最平常便宜的莫过于腌蛋，它最好的味道在于蛋黄，而不在蛋白。但是，有人把蛋白全部去掉光吃蛋黄，吃之也觉得索然无味。我这样说，并非如一般人认为是为了珍惜食物、为了积福。假如暴殄有利于饮食品尝，那还说得过去。如果说浪费物料而又影响菜肴美味，那又何必如此为之？

从古至今，暴殄食物的行为可以说比比皆是。明末文人冒辟疆置办酒席，取羊三百只，每只羊割下唇肉一片备用，其余整只羊弃置不用。主厨说："羊之美全萃于此，其他腥臊不足用也。"

现代宴席

清朝河臣筵席中有一道驼峰菜，选健壮骆驼缚之于柱，以沸汤灌其背，立死，其菁华基于峰，全驼则丢弃，席所用不下三四驼。

《红楼梦》第四十一回《贾宝玉品茶栊翠庵刘姥姥醉卧怡红院》中写了一道美食，叫"茄鲞"，凤姐让刘姥姥尝尝。刘姥姥细嚼了半日，笑道："虽有一点茄子香，只是还不像是茄子。告诉我是什么法子弄的，我也弄着吃去。"凤姐笑道："这也不难。你把才下来的茄子把皮刨了，只要净肉，切成碎丁子，用鸡油炸了，再用鸡脯子肉并香菌、新笋、蘑菇、五香腐干、各色干果子，俱切成丁子，用鸡汤煨干，将香油一收，外加糟油一拌，盛在瓷罐子里封严，要吃时拿出来，用炒的鸡瓜一拌就是了。"刘姥姥听了，摇头吐舌说道："我的佛祖！倒得十来只鸡来配他，怪道这个味儿！"这个茄鲞烹调技巧复杂且要求很高，配料比茄子不知要贵多少，可见其奢华。又如第三十九回，写了贾府中的一次螃蟹宴，刘姥姥又赶上了，她感叹地说："这些螃蟹，今年就值五分一斤，十斤五钱，五五二两五，三五一十五，再搭上酒菜，一共倒有二十多两银子。阿弥陀佛！这一顿的银子，够我们庄家人过一年了。"贾府在饮食中不但追求高档、名贵，而且三天一小宴，一月一大宴，其奢华可见一斑，其走向衰败已经埋下了导火线。

今天，在现实生活中，暴殄的现象仍然屡见不鲜，如有的人吃鸡蛋，与袁枚批评的吃腌蛋相反，只吃蛋白，丢弃蛋黄，据说是听说鸡蛋黄胆固醇高。还有的人对稻谷进行精加工，把米最有营养的成分丢掉。其实，每一样食品都是一种优化组合，食品的每一个部分都具有互补的作用，这样的行为，往往是丢了西瓜捡了芝麻，得不偿失。

二是虐杀动物。对待动物也要有慈悲之心，不能为追求一些怪诞、奇异的食法，而对动物施以酷刑，令其求生不能，求死不得。袁枚说："至于烈炭以炙活鹅之掌，刳刀以取生鸡之肝，皆君子所不为也。何也？物为人用，使之死可也，使之求死不得不可也。"意思是说，至于用炭火烤炙活鹅掌，用刀割取活鸡之肝，这些都不是君子所为。为什么呢？家畜动物为人所食，宰杀也是必需的，但令牲畜求死不得，则是不可取的。

历史上，以残忍的手段获得食物，也时有所见。清道光年间，南河官吏食用鹅掌，将鹅置于铁笼内，

（清）冷枚《梧桐双兔图》

炭炙其掌，鹅负痛环走不数周即死，其两掌厚可数寸，余肉不食，一席所需数十百只。还有活剐生物以满足"口腹之欲"的极端行为。明代笔记记载："驴羊之类，皆活割取其肉，有肉尽而未死者，冤楚之状，令人不忍见闻。"其他古怪之食法，诸如生食猴脑、以数十活鱼之血调制羹汤等稀奇吃法，也屡见于史书。在现实生活中，也有活取熊胆汁的，有人在家里养了一只熊，用一根管接到熊胆，每天取一些从熊胆分泌出来的胆汁。这些做法确实是对动物的虐待，也是极其残忍的，违背了人道和动物之道，是不道德的行为，甚至是违法的行为。

（二）力戒奢华

讲面子、爱虚荣往往滋生出讲排场、比阔气的饮食之风，形成了奢华、浪费的不良习气。袁枚在"戒单"中，列举了"戒耳餐""戒目食"的条目，对这两种行为给予了批评。

一是"戒耳餐"。什么是耳餐呢？"耳餐者，务名之谓也。食贵物之名，夸敬客之意，是以耳餐，非口餐也。"耳餐就是片面追求食肴的名声。贪图食物名贵，浮夸不实地表示敬客之意，这就是耳餐，并不是可口的佳肴。简单来说，耳餐就是好听而不好吃。袁枚举例说，比如鱼翅、燕窝，本身无味，只能通过其他食物调配方能成味，事实上其营养价值也并不高。由于此种食物稀少，人们有物以稀为贵的心理，贪图吃得奇巧，其实并没有实际效用。袁枚说，如果只是为了虚荣、体面，倒不如去碗中放入明珠百粒，价值万金，管它能不能吃。

　　二是"戒目食"。这里讲的是避免铺张浪费。什么是目食？袁枚说："目食者，贪多之谓也。"目食，就是贪多。其表现为："今人慕'食前方丈'之名，多盘叠碗，是以目食，非口食也。""余尝过一商家，上菜三撤席，点心十六道，共算食品将至四十余种。主人自觉欣欣得意，而我散席还家，仍煮粥充饥，可想见其席之丰而不洁矣。"意思是说，如今有些人仰慕那些豪奢美食之名，菜肴满桌，碗盘重叠，这是用眼食之，并非口食之。我曾到一商户家中赴宴，上菜换席三次，点心十六道，各种菜肴四十余种。主人沾沾自喜，扬扬得意。而我席散回家，还要煮粥充饥。可见酒席丰盛，品位不高。今天的一些饮宴聚会，主人为显示其"大方""热情""气派",求多不求质,菜肴大盘而又多,碗盘重叠,客人望菜兴叹,造成极大的浪费。

(三)力戒落套

这是要戒除讲气派的陋习。袁枚在"戒落套"中说:"今官场之菜,名号有'十六碟''八簋''四点心'之称,有'满汉席'之称,有'八小吃'之称,有'十大菜'之称,种种俗名,皆恶厨陋习。只可用之于新亲上门,上司入境,以此敷衍;配上椅披桌裙,插屏香案,三揖百拜方称。"袁枚对当时社会上追求奢华、排场、气派以及繁文缛节的饮食风尚给予了批评,说:如今官场的菜品,其名号有"十六碟""八簋""四点心"之称,或"满汉席"之

钦定四库全书

下酒十五盏

第一盏 花炊鹌子 荔枝白腰子
第二盏 奶房签 三脆羹
第三盏 羊舌签 萌芽肚胘
第四盏 肫掌签 鹌子羹
第五盏 肚胘脍 鸳鸯煠肚
第六盏 沙鱼脍 炒沙鱼衬汤
第七盏 鳝鱼炒鲎 鹅肫掌汤齑

《武林旧事·高宗幸张府节次略》中的菜单(部分)

称，或"八小吃"之称，或"十大菜"之称，各式俗名，都是恶劣厨师的陈规陋习，只可用于新亲上门或上司驾临时，以敷衍应付。并需配上椅披桌裙、屏风香案，多次行礼方可与之相称。在日常的家居饮食中，应不落俗套，讲求简便、实惠、美味。他说："若家居欢宴，文酒开筵，安可用此恶套哉？必须盘碗参差，整散杂进，方有名贵之气象。"意思是说，假如只是家居欢宴，饮酒赋诗，哪里用得着这一套陈规陋习？只有盘碗形制不一，菜肴整散交错，方才显出名贵气象。

（南唐）顾闳中《韩熙载夜宴图》（局部）

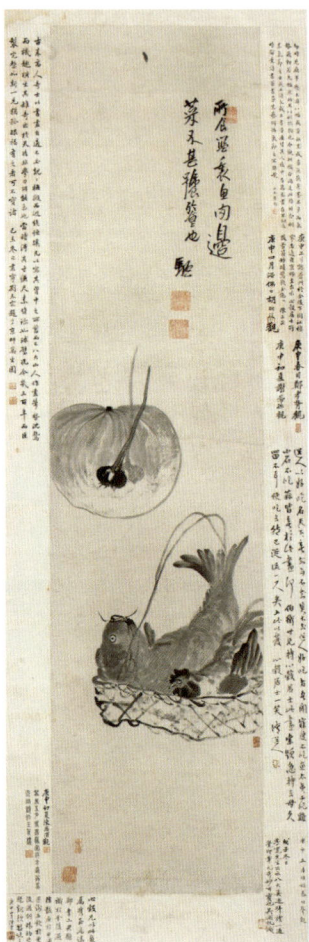

（明）八大山人《饕餮图》

奢靡浪费似乎是传统饮食文化中的一大痼疾，从前的商纣王过着穷奢极欲的生活，酒池肉林、花天酒地，挥金如土。《韩非子·喻老》："昔者，纣为象箸，而箕子怖，以为象箸必不加于土铏，必将犀玉之杯。象箸玉杯必不羹菽藿，则必旄象豹胎。旄象豹胎必不衣短褐而食于茅屋之下，则锦衣九重，广室高台。"这是说，昔时殷纣王用象牙做筷子，他的太师箕子非常担忧。箕子认为，有了象牙筷子，就不会再用上土瓷羹器了，必定要用犀玉做杯子，才能相配。有了象箸玉杯，就不能再食用普通的食品了，而必须食用旄象豹胎。吃食都这样讲究，住茅屋穿短褐子当然也就不行了，那就得锦衣九重，广室高台了。果不出箕子所料，没有多久，纣王就公然为肉圃，设炮烙，登糟丘，临酒池，骄奢淫逸，挥霍无度，加速了殷朝的灭亡。

魏晋南朝时期，奢侈之风蔓延于统治阶层，相沿成俗。据《晋书·何曾传》记载，何曾性好奢豪，厨膳饮食过于王者，"蒸饼上，不坼作十字不食。日食万钱，犹云无下箸处"。

唐玄宗时的韦陟对于馔尤为精洁，以鸟羽择米，每次饮食后，"视厨中所委弃，不啻万钱之直。若宴于公卿，虽水陆具陈，曾不下箸"。

乾隆年间和珅食用的早餐则以珍珠粉配制，"珠价极昂，一粒两万金，次者万金，最贱者犹值八千金"，且必须是新的，"凡已旧及穿孔者，屏不服"。

上层社会的奢靡饮食不仅仅表现在日常生活中，更多的还表现在宴会上，讲求气派大、档次高。如"满汉全席"，上菜一百多种，用料多为熊掌、燕窝、鱼翅等山珍海味。所以，达官贵人举办家宴，往往须于数月前购集材料、增派人工。

节俭是中华民族的一大美德。孔子在《论语·八佾》中记载了一段关于"俭"的对话："林放问礼之本。子曰：'大哉问！礼，与其奢也，宁俭；丧，与其易也，宁戚。'"林放问什么是礼的根本。孔子回答说：你的问题意义重大呀！就礼节仪式的一般情况而言，与其奢侈，不如节俭；就丧事而言，与其仪式上治办周备，不如内心真正哀伤。孔子在这里把礼和俭联系起来，他认为奢靡浪费是一种越礼行为。真正的礼，不能只做表面功夫，更重要的是要从内心和情感上体悟礼的根本，要心意为重，远离奢靡。孔子还说："奢则不孙，俭则固，与其不孙也，宁固。"意思是说，奢侈了就会越礼，节俭了就会寒酸。与其越礼，宁可寒酸。

俗话说："民以食为天"，而食又以俭为先。"俭"从"节口"开始，也就是从餐桌上做起。古代倡导的节俭饮食，跟我们当下所提倡的文明餐桌、光盘行动，其本质是一致的。我们倡导节俭用餐、文明用餐，就是在家用餐按量做饭做菜，在餐馆用餐按需点菜，多余饭菜打包回家，杜绝"舌尖上的浪费"，其所蕴含的人文精神，本质在于对劳动者的尊重，对资源和劳动成果的珍惜。同时，也有益于个人的健康。"饭吃七成饱"是许多长寿老人的秘诀之一。当今社会物质丰富，食物精细、营养过剩、运动太少，已经成为影响健康的因素，节食俭用既是惜福，也是为了健康。

俭而有度在今天仍然具有现实意义。《易经·节卦》曰："节，亨。苦节，不可贞。"意思是说，发扬节俭、节制而又适度的美德，人的生存和发展才能通达、顺利；但如果为节俭而过苦日子，或者说过分节俭、节制，则是不可取的。今天我们提倡俭德，并不是一定要像颜回那样，过"一箪食，一瓢饮，在陋巷"的苦行僧式生活，而是主张在生活中节制过度的欲望，在用度上"俭而有度"。今天，我们的物质生活虽然有了很大的改善，已全面建成小康社会，但是人均生活水平还比较低，与发达国家相比差距比较大。因此，要警惕未富先奢的苗头，防止奢侈浪费了财富、消磨了斗志、矮化了精神。

（四）力戒纵酒

饮宴又叫酒席。饮宴没有酒，就少了气氛，少了热烈，也少了热情。小酌怡情，多饮伤身，纵酒则败德。袁枚主张不能纵酒。他在"戒纵酒"中说："事之是非，惟醒人能知之；味之美恶，亦惟醒人能知之。伊尹曰：'味之精微，口不能言也。'口且不能言，岂有呼吸酗酒之人，能知味者乎？往往见拇战之徒，啖佳菜如啖木屑，心不存焉。所谓惟酒是务，焉知其余，而治味之道扫地矣。万不得已，先于正席尝菜之味，后于撤席逞酒之能，庶乎其两可也。"袁枚

（元）任仁发《五王醉归图卷》（局部）

反对纵酒是从品尝食品味道的角度去看的。酒含有酒精，酒精对人的味觉神经会产生影响，过度饮酒会使人丧失味觉或改变味觉，使食之无味

酒坛

或食不知味，这是对美味佳肴的一种极大的浪费。他说一个人要分清是非，必须保持清醒的头脑，同样，要分辨食味的好坏，也必须在头脑清醒的状态下才能作出准确的判断。商汤时期的大臣伊尹曾说："鼎中之变，精妙微纤，口弗能言，志弗能喻。"一般人尚且难以用语言表达，那些大叫大嚷的醉酒之徒，又怎能品尝出菜肴的美味？经常见到那些酒徒，猜拳酗酒，吃佳肴如嚼木屑，心不在焉。他们一心向酒，其余的事一概不知，美味佳肴也无心品尝。袁枚认为饮酒会改变人的味觉，酗酒则是浪费了佳肴。因此，他主张如果非饮酒不可，应该先于正席品尝佳肴，吃完撤席后再喝酒怡情。袁枚的这一主张是科学的，对人的健康有好处。实际上，空腹畅饮，由于酒精未经分

解快速进入血液，会引起醉酒。而饱腹饮酒，酒精可同食物一起消化分解，缓慢流入血液，不易引起酒醉。当下的酒席，一开始先来三杯，然后才吃菜，这是不科学的，也不符合待客之道。

（五）力戒强让

中餐聚会，多采用围餐的方式，既显得热闹、隆重，也方便彼此间的感情交流。这种贵"和"的饮食传统固然值得发扬，但诸如劝菜、劝酒等强让行为则在一定程度上破坏了这种美好的氛围，使就餐者多少有些尴尬。

热情好客本是一种美德，但强人所愿，就会使热情变味，变成"失礼"的行为。袁枚在"戒强让"中说："治具宴客，礼也。然一肴既上，理直凭客举箸，精肥整碎，各有所好，听从客便，方是道理，何必强让之？"袁枚说，设宴待客，是为了表达礼敬。因而一道菜上席理应请客人举箸自行选择，瘦肥整碎，各有所好，主随客便，方是待客之道，不宜强劝客人。作为客人，要客随主便，听从主人的安排。作为主人，也要主随客便。主人对于客人的爱好、口味往往并不清楚，尊重客人的选择，就是礼的核心精神，不必强人所难。那么，什么是"强让"呢？袁枚接着指出了强让的表现："常见主人以箸夹取，堆置客前，污盘没碗，令人生厌。须知客非无手无目之人，又非儿童、新妇，怕羞忍饿，何必以村妪小家子之见解待之？其慢客也至矣！近日倡家，尤多此种恶习，以箸取菜，硬入人口，有类强奸，殊为可恶。"袁枚认为强让是一种恶习，常见主人以筷夹取食物，堆放在客人的面前，使得盘污碗满，令人生厌。须知客人并非无手无目之人，也不是儿童、新娘因害羞而忍饥挨饿，何必以乡村老妇之见待客，这是极度怠慢客人之行为。近来歌伎中这种恶习尤盛，夹着菜硬塞入客人口中，好比强奸，最为可恶。对于这种劝菜行为，王力先生形象地称之为"津液交流"，也即"口水交流"。今日的饮宴主人为了表示热情、体贴，经常代客人夹菜，也存在袁枚讲的强让现象。其实，上第一道菜时，主人用公筷为客人夹一次菜就可以了，不必每道菜都帮客人夹菜，主随客便就可以了。强让在酒桌上是常见的。由于每个人的身体状况和酒量不同，不能硬要客人喝酒，如果不喝，或者骂娘，或者用酒浇头，这些都是无礼的恶习。袁枚在这里还讲了一个幽默的故事："长安有甚好请客而菜不佳者，一客问曰：'我与君算相好乎？'主人曰：'相好！'客踞而请曰：'果然相好，我有所求，必允许而后起。'主人惊问：'何求？'曰：'此后君家宴客，求免见招。'合坐为之大笑。"这个故事是说，长安有位非常好客之人，可惜招待客人的菜品不佳。有一客人问之："我与您也算是好朋友吧？"主人道："当然。"客人跪着说："如果真是好朋友的话，我有一个请求，您答应后我才起来。"主人惊讶地问："有何请求？"客人回答："以后您家请客，千万不要再邀请我了。"满席为之大笑。有的宴请虽没有好菜，却拼命劝菜，以至于客人几乎跪在地上请求主人，"此后君家宴客，求免见招"。可见，这样的宴会简直就是一种折磨。

"无酒不成席""无酒不成礼"，酒当然是宴会的重要组成部分。然而，"凡与亲朋相与，必以顺适其意为敬，唯劝酒必欲拂其意，逆其情，多方以强之，百计以苦之"。劝酒到了这种程度，倒是筵席上的一大尴尬。

袁枚认为，好客还要有好菜品。好客也要把握好一个度，必须尊重客人的饮食习惯、爱好、口味和习俗，要主随客便，让客人放松、自在，不必过分强求，否则会弄巧成拙，令客人感到很不自在，影响客人进食的心情和宴会的氛围。所以，他主张破除陈规陋习，创造出符合实际需要的食物。生活在 17 世纪的袁枚先生能有这种见解，实在难能可贵。

上述讲到的暴殄、奢靡、纵酒、强让等，在某种程度上影响至今、流毒不浅。因此，在构建当代中国科学、健康、文明的现代饮食文化进程中，我们有责任也有义务对中国传统饮食文化加以科学的研究、扬弃，以史为鉴，守正创新，抛弃其糟粕，弘扬其精华。

一个国家、民族、家庭乃至个人的饮食内容及行为，不仅反映出这个国家、民族、家庭和个人的物质能力、经济水平，更重要的是能反映出其道德素养、文明程度和精神风貌。在饮食方式上，我们要讲究适口、适度，以有利于健康为宗旨，可口不怪异，适量不浪费，热情不强让，倡导文明饮食的新风尚。

结　语

　　学会饮食是学会生活的最基本的要求，也是提高生活质量的最主要要求。饮食对我们来说是如此之简单，又是如此之深奥，是每一个人活得好、活得久的必备知识、技能，为此，学习饮食之道很有必要。

　　饮食之道是遵循自然之道，我们每天享用的食物都是天地的馈赠，我们要珍惜天地赐予人类的食物，要了解食物的天性。由于每一种食物都有其自身的特质，品尝食物要追求其本味、真味、美味。

　　饮食之道是艺术之道，食材经过厨师的精湛技艺的烹调，经过水与火的处理，呈现了美味、美色、美形、美名的菜肴，品赏一道菜，其实也是欣赏一件艺术品，得到的是美的享受。

　　饮食之道是养德之道，中国饮食具有和谐人际关系的特殊功能，在请客宴席中，每一道菜都包含着浓浓的爱情、亲情、友情、乡情，对个人来说是养性，对他人来说是传情。饮食之中，包含着情调、品调，包含着一个人的修养、品格。

　　饮食之道也是生命之道，这就是养生、护生。滋养生命、维护生命，促进人的健康，这是饮食的最高境界。《黄帝内经》讲了健康的五大原则："法于阴阳，和于术数，食饮有节，起居有常，不妄作劳。"饮食是其中重要的一条。

　　首先，饮食要以增加营养、补充生命能量为目标。俗话说："人是铁饭是钢，一顿不吃饿得慌。"吃得不足，吃得不好，会有损身体健康。古人认为，饮食五味不仅可以给人的口舌带来满足感，给人的心理带来快感，同时，也对人的机体有重要的调节作用。《黄帝内经·素问》将食物区别为谷、果、畜、菜四大类，这四大类食物在饮食生活中是不可缺少的，要以"五谷为养，五果为助，五畜为益，五菜为充"，也就

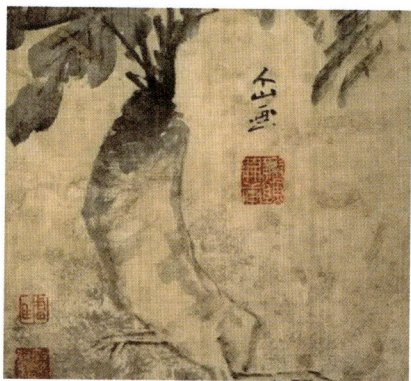

（明）八大山人《萝卜》

是说以五谷为主食，以果、畜、菜作为补充。

其次，饮食要以追求生命健康和长寿为宗旨。生命健康和长寿，是人的自然本质最珍贵的东西，也是人类最大的希求。正所谓"适口者珍"，凡是适合健康的食品就是珍贵的。有人说，病是吃出来的，这句话有一定的道理。饮食结构的不合理，烹饪方式的不科学，往往是疾病产生的根源。战国时有位神医叫扁鹊，他最早提出"食药合一""药食同源"的主张。据唐代孙思邈《千金要方》所述，扁鹊是一位较早阐明药食关系的医者，他说："安身之本，必资于食；救疾之速，必凭于药。不知食宜者，不足以存生也；不明药忌者，不能以除病也。此之二事，有灵之所要也，若忽而不学，诚可悲夫！是故食能排邪而安脏腑，悦神爽志以资血气。若能用食平疴，释情遣疾者，可谓良工。长年饵老之奇法，极养生之术也。夫为医者，当须先洞晓病源，知其所犯，以食治之。食疗不愈，然后命药。"扁鹊认为，人生存的根本在于饮食，不知饮食适度的人，不容易保持身体健康。饮食可以强健机体，可以悦神爽志，也可以用于治疗疾病。一个好的医生，首先要弄清疾病产生的根源，以食治之，如果食疗不愈，再以药治之。采用食疗是一种优良的疗疾传统。其实，有些疾病的治疗应当从饮食的调理和生活方式的改变入手，在饮食上少盐、少油、少糖、少辣，清淡可口，以健康为第一要务。

再次，要注重饮食多样均衡。要以中国居民膳食指南作为饮食坐标，合理饮食，不偏食，不暴食，不过分追求色、香、味。美味虽然有充饥解渴、愉悦心情的作用，但要防止其负面作用。《吕氏春秋·本生》说："肥肉厚酒，务以自强，命之曰烂肠之食。"美食既有可爱的一面，也有可恨的一面。例如油炸食品虽然爽口，但由于营养成分受到高温破坏，是不宜多吃的。因此，吃什么、如何吃都应当以符合营养的要求、有利于滋养生命为准则。

让我们在《随园食单》中学会享受饮食之美味、美名、美意，享受生命的健康和人生的快乐！

参考文献

［1］袁枚著，陈伟明编著：《随园食单》，北京：中华书局 2010 年版。

［2］黄碧燕译注：《吕氏春秋》，广州：广州出版社 2001 年版。

［3］王仁湘：《饮食与中国文化》，桂林：广西师范大学出版社 2022 年版。

［4］傅佩荣：《傅佩荣译解〈论语〉》，北京：东方出版社 2012 年版。

［5］姚伟钧、刘朴兵：《中国饮食史》，武汉：武汉大学出版社 2020 年版。

［6］忽思慧著，姚伟钧等注评：《饮膳正要》，郑州：中州古籍出版社 2015 年版。

［7］高成鸢：《味即道》，北京：生活书店出版有限公司 2018 年版。